JN300967

データ科学の数理

統 計 学 講 義

稲垣宣生　吉田光雄　山根芳知　地道正行
共　著

東京　裳　華　房　発行

INTRODUCTION TO STATISTICS

by

NOBUO INAGAKI

MITSUO YOSHIDA

YOSHITOMO YAMANE

MASAYUKI JIMICHI

SHOKABO

TOKYO

まえがき

　統計学はデータ科学の数理として重要な役割を担っている．文系理系を問わず広い分野において，数値データに基づく議論には共通の統計的処理が必要である．逆にいうと，統計的な検討がなされていない数値データによっては議論が成り立たないのである．各分野における実験レポートの整理はパソコンを駆使して行われ，それらはデータベースに蓄積されていく．そこでは，たとえば，エディターとして "Microsoft Word®"，表計算として "Microsoft Excel®" が使われているかもしれない．しかし，数値結果には共通の統計的処理がなされているという認識が必要である．統計学は，共通な統計的処理の認識のために，データ科学の数理として重要となっているのである．

　統計学の講義を半年（2単位）として担当するとき，「確率変数と確率分布」と「推定と検定」をシラバスの目標とすることは一般的であろう．そこでは，「確率の定義」も「データの整理」も必要になる．そうしている間に授業時間切れとなり，目標としていた「推定と検定」は手薄になってしまうという事態になってしまう．このような現実がシラバスと対峙することになる．本書の執筆の動機はシラバスの目標を実現するための統計学の講義用の教科書を用意したいという担当教員の現場の願いからきている．

　昨今，統計学の必要性はどの分野でも認識され，実験の整理やレポートの作成にはデータ解析の手法が積極的に取り入れられている．その際，統計学がデータ科学の数理として重要であるということを実証するためには，共通の統計的処理がされた数値データの議論や資料が必要である上に，さらに有効であることを認識することである．本書は統計学の有効性を実感することを主眼としている．そこでは，「確率変数と確率分布」の理解により，統計量の変動幅

を「区間推定」として表現し，統計量の変動限界を「仮説検定」として認識して，「推定と検定」という"統計的推測法"を体得することを目的としている．

　各章末の演習問題はその章の内容に密着したものを配置し，略解もつけている．章ごとの演習または2～3章ごとの演習により，学生の理解が確実なものになると思う．

　おわりに，本書の執筆を理解し出版を積極的に推進していただいた裳華房の細木周治氏に心から感謝申し上げます．また，出版に際し詳細な検討をしていただいた新田洋平氏に心から感謝申し上げます．

2007年　初秋

著　者

目　　次

第1章　統計学と確率

1　統計学とは何か ……………………………………………………… 1
　　1.1　記述統計 ……………………………………………………… 1
　　1.2　推測統計 ……………………………………………………… 1
2　確率とは何か ………………………………………………………… 2
　　2.1　確率の定義 …………………………………………………… 2
　　2.2　事象と確率 …………………………………………………… 4
　　2.3　ベイズの定理 ………………………………………………… 10
演習問題 1 ………………………………………………………………… 13
統計学の歴史 ……………………………………………………………… 15

第2章　データ処理

1　度数分布表とヒストグラム ………………………………………… 17
2　データの特性値 ……………………………………………………… 22
　　2.1　データの位置 ………………………………………………… 22
　　2.2　データの拡がり ……………………………………………… 24
3　データの変換 ………………………………………………………… 27
　　3.1　標準得点 ……………………………………………………… 28
　　3.2　簡便的計算法 ………………………………………………… 29
4　2次元データの整理 ………………………………………………… 30
　　4.1　散布図と相関表 ……………………………………………… 30
　　4.2　共分散と相関係数 …………………………………………… 34

演習問題 2 ………………………………………………………… 37

第3章　確率変数と確率分布

1　確率変数 …………………………………………………………… 40
2　平均と分散 ………………………………………………………… 45
3　離散型確率変数の分布 …………………………………………… 50
　3.1　2項分布 ……………………………………………………… 50
　3.2　ポアソン分布 ………………………………………………… 52
4　連続型確率変数の分布 …………………………………………… 54
　4.1　指数分布 ……………………………………………………… 54
　4.2　正規分布 ……………………………………………………… 55
演習問題 3 …………………………………………………………… 61

第4章　多変量確率変数

1　2次元確率ベクトル ……………………………………………… 64
　1.1　同時分布と周辺分布 ………………………………………… 64
　1.2　共分散と相関係数 …………………………………………… 67
　1.3　1次結合の平均と分散 ……………………………………… 71
　1.4　2変量正規分布 ……………………………………………… 72
2　多変量確率変数 …………………………………………………… 73
演習問題 4 …………………………………………………………… 77

第5章　母集団と標本

1　標本抽出 …………………………………………………………… 79
2　標本平均と標本分散 ……………………………………………… 82
3　正規分布から導かれる標本分布 ………………………………… 85
　3.1　カイ2乗分布 ………………………………………………… 85
　3.2　ティー分布 …………………………………………………… 88

3.3　エフ分布 …………………………………………… 90
　4　大数の法則と中心極限定理 ………………………………… 91
　演習問題 5 ……………………………………………………… 94

第 6 章　推　　定

　1　推定量とその性質 …………………………………………… 97
　2　平均の区間推定 ……………………………………………… 99
　　　2.1　母分散 σ^2 が既知の場合 ……………………………… 99
　　　2.2　母分散 σ^2 が未知の場合 ……………………………… 102
　3　分散の区間推定 ……………………………………………… 104
　4　比率の推定 …………………………………………………… 105
　演習問題 6 ……………………………………………………… 107

第 7 章　検　　定

　1　検定の手順 …………………………………………………… 110
　2　平均の検定 …………………………………………………… 113
　　　2.1　母分散 σ^2 が既知の場合 ……………………………… 113
　　　2.2　母分散 σ^2 が未知の場合 ……………………………… 116
　3　分散の検定 …………………………………………………… 119
　4　比率の検定 …………………………………………………… 121
　演習問題 7 ……………………………………………………… 123

第 8 章　2 標本問題

　1　平均の差について …………………………………………… 127
　　　1.1　平均差の区間推定 ……………………………………… 127
　　　1.2　平均差の検定 …………………………………………… 128
　2　分散比について ……………………………………………… 130
　　　2.1　分散比の区間推定 ……………………………………… 130

       2.2 等分散の検定 ……………………………………… 131
   3 等分散性がない場合 …………………………………… 134
       3.1 母分散 $\sigma_1{}^2, \sigma_2{}^2$ が既知の場合 ……………………… 134
       3.2 母分散 $\sigma_1{}^2, \sigma_2{}^2$ は未知であるが，標本数 n_1, n_2 が大きい場合 136
   4 比率の 2 標本問題 ………………………………………… 137
       4.1 比率の差の区間推定 ……………………………… 139
       4.2 比率の差の検定 …………………………………… 139
   演習問題 8 ………………………………………………… 141

演習問題略解 …………………………………………………… 144

公式とまとめ …………………………………………………… 153
   公式集 ………………………………………………………… 153
   データの特性値 ……………………………………………… 154
   確率変数 ……………………………………………………… 155
   確率分布 ……………………………………………………… 156

付　表 …………………………………………………………… 157
   付表 1　標準正規分布表 …………………………………… 157
   付表 2　ティー分布表 ……………………………………… 158
   付表 3　カイ 2 乗分布表 …………………………………… 159
   付表 4　エフ分布表（1） …………………………………… 160
   付表 5　エフ分布表（2） …………………………………… 161

索　引 …………………………………………………………… 163

第 1 章
統計学と確率

1 統計学とは何か

1.1 記述統計 多数のデータを取り扱い，それを処理するのが統計学である．データは数字の集まりであって，そのまま眺めていても全体の傾向は見えてこないが，これに各種の統計処理を施すことにより，全体の見通しがよくなり，データのもつ特徴を把握することができる．よく用いられる方法は，平均を計算したり，全体をいくつかのカテゴリ（項目）に分類してそのグラフを描くことである．平均は全データを 1 つの指標に縮約したものである．異なるグループの個々のデータを見比べる代わりに，各グループごとの平均を比べることにより，グループ間の差を比較できる．また，棒グラフ，円グラフ，折れ線グラフなど，コンピュータを用いるとビジュアルな表現の工夫を行うことができる．平均やグラフ化は統計処理の一例であって，統計学はデータを組織的に処理し，包括的に全体像を把握するための方法の体系である．こうしたデータの整理の方法は **記述統計**，または，**データ処理** といわれる．

1.2 推測統計 記述統計に対して，データを母集団（＝全体）からのサンプル（＝部分）と考え，サンプルの集計結果から母集団の様相を推測しようとする方法がある．たとえば，ある大学の男子大学生 100 人の身長の平均が 170 センチメートルであったとき，これを 100 人の代表値として理解するにとどまらず，この結果を用いて日本全国の男子大学生の平均はどのくらいかと推測しようとする．そのためには，「100 人のサンプルが全国男子大学生のランダ

な標本であること，また全国男子大学生の身長の分布がどのようなものであるか」の知識が必要であるが，そうした条件が満たされれば，統計学の知識により，サンプルの平均から母集団の平均を推測することができる．たとえば，母平均は国勢調査のような全数調査をしない限り得られないが，「この推測の結果はおそらく何％の信頼度で確信できる」という判断をすることである．確率論を援用して標本から母集団の推測を行うための知識の体系を**推測統計**という．

　現在，文科系・理科系を問わず，様々な科学の領域で統計学の必要性が認識され，多くの時間が統計学の学習に割かれている．実際の計算は，急速に普及したパソコンを使用して容易に行われるため，面倒な手計算をしなければならない必要性は激減したが，コンピュータに何の計算をさせるのか，コンピュータが計算した結果をどう理解すればよいのか，などに関する知識がますます重要になってきている．統計学の必要性は，データ処理のテクニックとしての記述統計にとどまらない．調査とか実験によりデータがとられたとき，まずそのデータを処理して要約しなければならないが，結果の解釈はそのデータを与えているグループのみについてのことではなく，それを材料として，より一般的なグループにも適用できる結論を得るためであり，推測統計の知識は，記述統計にもまして重要である．少数のデータから何がいえるのか．どこまで結論を普遍化できるのか．推測して結論を述べる際の信頼度はどのくらいか．こうした推測は，組織的に統計学を学習しないと不可能である．そうした推測のための論理は厳密に展開されている．そのステップを学習することにより，「科学的推論はいかになされるか」の理解が深まり，成果は必ずや他の科学における推論にも応用され，緻密な思考力の涵養へとつながるものと思う．

2　確率とは何か

　2.1　確率の定義　日常用語で「確率」という言葉はよく使われ，その意味するところもなんとなく理解され，日常会話の範囲では混乱はないように思わ

れるが，しかし，これを厳密に定義するとなるとかなりの困難がつきまとう．

確率 (probability) とは，事柄に対する確からしさの程度を示す指標であって，$0 (= 0\%)$ から $1 (= 100\%)$ までの数値で表現される．取り扱う対象はその生起が決定論的に確定しえない事象に使用されるものであるが，対象の概念自身があいまいなわけではない．確率の定義はこれまでいろいろなされてきたが，まずこれを歴史的に見てみよう．

(1) **古典的確率**：確率を「ある事象について，n 通りの互いに排反し（同時に起こらないこと），しかも可能性の等しい起こり方が考えられ，そのうち a 通りの結果が性質 A を有するとき，A の起こる確率は $\frac{a}{n}$ である」と定義するもので，パスカル (Pascal, B., 1623–62) に始まり，ラプラス (Laplace, P. S. de, 1749–1827) により一応の体系化をみた古典的確率論の考え方である．事象を**根元事象**に分解し，それぞれに対して先験的に確率を決定しておく立場である．「可能性の等しい」というのは，事象の対称性に根ざした客観的事実であるが，確率を定義するのに確率を用いなければならず，循環論に陥っているとして批判された．

(2) **頻度論的確率**：もう1つの考え方は「同一条件下において同一事象の観測が繰り返されるとき，その事象の出現の**相対頻度**（比率）が一定の値 p に接近するならば，p はその事象の確率であり，その値は相対頻度 $\frac{a}{n}$ で近似される」というものである．事象の観測数が十分大きいとき，相対頻度が安定性を示すことはよく知られており，この相対頻度を用いる確率は**経験的確率**または**統計的確率**といわれている．

たとえば，新生児の男女比について，(1) の立場では，同様に確からしいのは男・女の2通りであると考えるから新生児が男児である確率は $\frac{1}{2}$ となるが，(2) の立場の人口統計では，それがほぼ $\frac{22}{43} = 0.5116$ であることを教えている．また，故意にゆがめて作られたサイコロの出る目の確率は (1) では

求められないが，(2) の立場では求めることができる．この立場は数学的というより記述的，経験的発想から出発したが，後にミーゼス (Mises, R. von, 1931) により，頻度の極限の性質が示され，数学的理論として精緻化された．

（3） **公理論的確率**：数学的に厳密な理論として確率が定義されたのはコルモゴロフ (Kolmogorov, A. N., 1933) による公理論的定義によってである．数学的表現を使うが，「S を空間（全体集合），$\emptyset$ を空集合とし，$\mathscr{A}$ を S に属する部分集合からなる可測集合族[1]とする．$\mathscr{A}$ に属する集合を**事象**と呼ぶ．事象 A に対して，$P(A)$ をその**確率**といい，次の3つの条件（公理）を満たす」．

公理

(i) $0 \leq P(A) \leq 1$

(ii) $P(\emptyset) = 0, \quad P(S) = 1$

(iii) $A_1, A_2, \ldots, A_n, \ldots$ が，S 内で同時に起こらない事象（$i \neq j$ なる i, j に対して，$A_i \cap A_j = \emptyset$）のとき，

$$P(A_1 \cup A_2 \cup \cdots \cup A_n \cup \cdots)$$
$$= P(A_1) + P(A_2) + \cdots + P(A_n) + \cdots$$

（記号 $\cap, \cup$ の意味は，下の 2.2 節を参照せよ）．この立場では確率を現象面から定義するのではなく，事象と確率測度 $P(\cdot)$ との対応が上の公理を満たすとき，これを確率と呼ぼうとするもので，現代確率論発展の基礎となっている．

2.2 事象と確率 サイコロを投げたとき，出る目の数は 1, 2, 3, 4, 5, 6 の 6 通りである．また，コインを投げたとき，オモテ (Head) またはウラ (Tail) の 2 通りが起こる．このとき，サイコロの出た目やコインのオモテ，ウラを**事象** (event) という．2 つの事象 A, B について，"A または B の起こる事象"

---

[1] 「可測集合族」とは，全体集合 S，ゼロ集合 $\emptyset$ を事象として含み，（確率）測度が数学的に扱えるようにした部分集合の集まりと考えてよい．

を**和事象**といい，$A \cup B$ と書く．$\cup$ は or または cup と読み，「または」の意味である．"事象 A および B がともに起こる事象"を**積事象**といい，$A \cap B$ と書く．$\cap$ は and または cap と読み，「ともに」の意味である．

サイコロで 1 の目が出ることと 2 の目が出ることは同時には起こりえない．このように同時に起こらない事象を**互いに素** (disjoint)，または，**互いに排反** (exclusive) であるという．何も含まない事象を**空事象**といい，$\emptyset$ で表す．事象 A, B が互いに素のとき，空事象を使って，$A \cap B = \emptyset$ と表すことができる．

サイコロで 1 の目が出ることは 2〜6 の目は出ないことであり，コインでオモテが出ないことは，ウラが出ることを意味している．事象 A に対して，A が起こらないという事象を，A の**余事象** (complementary event) といい A^c または $\bar{A}$ と書く．統計学においてバー "¯" は標本平均を表示するときにも使われることが多いので，混乱を避けるために，本書では A^c を使うことにする．事象 A とその余事象は互いに排反である．

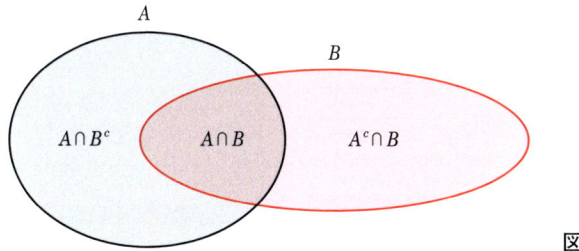

図 1.1

次の確率の**加法定理**が導かれる．

定理 1.1 2 つの事象 A, B があるとき，A または B の事象の起こる確率について
$$P(A \cup B) = P(A) + P(B) - P(A \cap B)$$
が成り立つ．

図 1.1 を参照すれば，重なった部分 $A \cap B$ があれば，それは $P(A)$ と $P(B)$

のそれぞれに同等に含まれている．このため，和 $P(A)+P(B)$ では，$P(A\cap B)$ の部分を重複計算したことになる．したがって，この1つ分を引くのである．

例題 1.1

2つのサイコロを投げ，出た目の差を D とする．D が $0, 1, 2, 3, 4, 5$ の場合について，その確率を求めよ．

[解] 2つのサイコロの目を X, Y とし，その目の組を (X, Y) と書く．また，その差を $D = |X - Y|$ とし（| | は絶対値をとる記号），差が $D = d$ であるときの確率を P_d と書くこととする．サイコロの目は6通りの出かたがあり，2つのサイコロでは 36 通りの出かたがある．

X＼Y	1	2	3	4	5	6	D
1	(1, 1)	(1, 2)	(1, 3)	(1, 4)	(1, 5)	(1, 6)	5
2	(2, 1)	(2, 2)	(2, 3)	(2, 4)	(2, 5)	(2, 6)	
3	(3, 1)	(3, 2)	(3, 3)	(3, 4)	(3, 5)	(3, 6)	4
4	(4, 1)	(4, 2)	(4, 3)	(4, 4)	(4, 5)	(4, 6)	3
5	(5, 1)	(5, 2)	(5, 3)	(5, 4)	(5, 5)	(5, 6)	2
6	(6, 1)	(6, 2)	(6, 3)	(6, 4)	(6, 5)	(6, 6)	1
D	5		4	3	2	1	0

$D = 0$ となるのは $X = Y$ の場合であり，全部で

$$(1, 1), \quad (2, 2), \quad (3, 3), \quad (4, 4), \quad (5, 5), \quad (6, 6)$$

の6通りであるから

$$P_0 = \frac{6}{36} = \frac{1}{6}$$

$D = 1$ となるのは $X = Y + 1$ または $Y = X + 1$ の場合で，

$$(1, 2), \quad (2, 3), \quad (3, 4), \quad (4, 5), \quad (5, 6);$$
$$(2, 1), \quad (3, 2), \quad (4, 3), \quad (5, 4), \quad (6, 5)$$

の 10 通り．したがって確率 P_1 は

$$P_1 = \frac{10}{36} = \frac{5}{18}$$

$D = 2$ となるのは $X = Y + 2$ または $Y = X + 2$ の場合で，

$$(1, 3), \quad (2, 4), \quad (3, 5), \quad (4, 6); \quad (3, 1), \quad (4, 2), \quad (5, 3), \quad (6, 4)$$

の 8 通り．したがって確率 P_2 は

$$P_2 = \frac{8}{36} = \frac{2}{9}$$

以下同様にして，

$$P_3 = \frac{6}{36} = \frac{1}{6}, \quad P_4 = \frac{4}{36} = \frac{1}{9}, \quad P_5 = \frac{2}{36} = \frac{1}{18}$$

◆

定義 1.2

（1） 事象 A, B が確率的に**独立である** (independent) とは，事象 A, B がともに起こる確率 $P(A \cap B)$ において，

$$P(A \cap B) = P(A)P(B)$$

が成り立つことをいう．独立でないとき**従属である** (dependent) という．

（2） 事象 A が起こったという条件（$P(A) > 0$）のもとで B が起こる確率を $P(B \mid A)$ で表し，A を与えたときの B の**条件付き確率** (conditional probability) といい，次の式で与えられる：

$$P(B \mid A) = \frac{P(A \cap B)}{P(A)}$$

条件付き確率の定義より，次の確率の**乗法定理**が導かれる．

定理 1.3 2つの事象 A, B がともに起こる確率 $P(A \cap B)$ は，条件付き確率を使って，次のように表される：

$$P(A \cap B) = P(A)P(B \mid A) = P(B)P(A \mid B)$$

例題 1.2

袋の中に同じ形状の球 6 個が入っていて，それぞれに 1, 2, 3, 4, 5, 6 の数字が書いてあるとする．そのとき，袋の中から次のような 2 通りの方法で 2 個の球を取り出すことを考える．

（1） 袋の中から球を 1 個取り出す 1 回目の球の数字が i $(i = 1, \ldots, 6)$ である事象を A_i とする．次に，取り出した球を袋に戻し，よくかきまぜ，改めて袋の中から球を 1 個取り出すとき（復元抽出），球の数字が j $(j = 1, \ldots, 6)$ である事象を B_j とする．そのとき，取り出した 2 個の球の数字が i, j である確率はいくらか．

（2） 1 回目に取り出した球をもとに戻さず，続けて球を取り出すとき（非復元抽出），取り出した 2 個の球の数字が i, j である確率はいくらか．

［解］ （1） 1 回目の取り出しでは，すべての球が同様の確からしさで取り出されるから，$P(A_i) = \dfrac{1}{6}$ である．取り出した球を袋に戻すならば，条件は 1 回目と同じであるから，2 回目に袋の中から球を 1 個取り出し，それが j $(j = 1, \ldots, 6)$ である事象を B_j とすればその確率は $P(B_j) = \dfrac{1}{6}$ である．たとえば，1 回目に 1 の球を取り出し，2 回目に 2 の球を取り出す確率では

$$P(A_1 \cap B_2) = P(A_1)P(B_2) = \frac{1}{6} \cdot \frac{1}{6} = \frac{1}{36}$$

が成り立つ．この結果は，A_1, B_2 が独立であることを示している．

（2）1回目に取り出した球をもとに戻さず2回続けて球を取り出すときには，例えば1回目に1の球が出た後は，袋の中には数字が2, 3, 4, 5, 6の5個の球しかない．したがって，条件付き確率を用いれば

$$P(B_j \mid A_i) = \frac{1}{5} \quad (i \neq j \text{ のとき}), \quad P(B_i \mid A_i) = 0$$

ゆえに，1回目に1の球を取り出し，2回目に2の球を取り出す確率は

$$P(A_1 \cap B_2) = P(A_1)P(B_2 \mid A_1) = \frac{1}{6} \cdot \frac{1}{5} = \frac{1}{30}$$

▶ **参考** 非復元抽出において，2回目に2の球を取り出す確率 $P(B_2)$ は，1回目に取り出した球が i ($i = 1, \ldots, 6$) である事象 A_i をすべて考慮することで得られ，

$$P(B_2) = P(A_1)P(B_2 \mid A_1) + P(A_2)P(B_2 \mid A_2) + P(A_3)P(B_2 \mid A_3)$$
$$+ P(A_4)P(B_2 \mid A_4) + P(A_5)P(B_2 \mid A_5) + P(A_6)P(B_2 \mid A_6)$$
$$= \frac{1}{6} \cdot \frac{1}{5} + \frac{1}{6} \cdot 0 + \frac{1}{6} \cdot \frac{1}{5} + \frac{1}{6} \cdot \frac{1}{5} + \frac{1}{6} \cdot \frac{1}{5} + \frac{1}{6} \cdot \frac{1}{5}$$
$$= 5 \cdot \left(\frac{1}{6} \cdot \frac{1}{5}\right) = \frac{1}{6}$$

となる．したがって，確率 $P(B_2 \mid A_1)$ と $P(B_2)$ は等しくない：

$$P(B_2 \mid A_1) = \frac{1}{5} \neq P(B_2) = \frac{1}{6}$$

これは，A_1, B_2 が独立でないことを示している．

例題 1.3

20本のうち，5本が当たりであるクジがあり，A, B の2人が1本ずつクジを引くものとする．

（1）A が引いたクジをもとに戻し，よくかきまぜて次に B が引くとき（復元抽出），2人とも当たりである確率はいくらか．

（2）A が引いたクジをもとに戻さず，次に B が引くとき（非復元抽出），2人とも当たりである確率はいくらか．

[解] （1） 当たりである確率は $\dfrac{5}{20} = \dfrac{1}{4}$ で，もとに戻すので A, B の条件はともに同じ（独立）．したがって，求める確率は $\dfrac{1}{4} \cdot \dfrac{1}{4} = \dfrac{1}{16}$ である．

（2） A のクジが当たる確率は $\dfrac{1}{4}$，クジをもとに戻さないので B のクジが当たる確率は $\dfrac{4}{19}$．したがって，ともに当たる確率は $\dfrac{1}{4} \cdot \dfrac{4}{19} = \dfrac{1}{19}$ である． ◆

2.3 ベイズの定理 全人口を"10 代以下，20 代，…，60 代，70 代以上"と年代別に考えるように，全事象 S が互いに素な n 個の事象 $A_1, A_2, \ldots, A_n$, $A_i \cap A_j = \emptyset \ (i \neq j)$ に分割されているならば，次が成り立つ：

$$A_1 \cup A_2 \cup \cdots \cup A_n = S, \quad P(A_1) + P(A_2) + \cdots + P(A_n) = 1$$

このようなとき，S は**層別** (stratification) されているといい，各 A_i を**層** (strata) という．$P(A_1), \ldots, P(A_n)$ を各層の**事前確率** (prior probability) という．層別され，その事前確率が与えられているとき，次が成り立つ．

定理 1.4 全事象が $A_i \ (i = 1, \ldots, n)$ に層別されているとき，事象 B の確率 $P(B)$ は，A_i の事前確率 $P(A_i)$ と条件付き確率 $P(B \mid A_i)$ を使って，

$$P(B) = P(A_1)P(B \mid A_1) + P(A_2)P(B \mid A_2) + \cdots + P(A_n)P(B \mid A_n)$$

と表される．これを**全確率の公式**という．

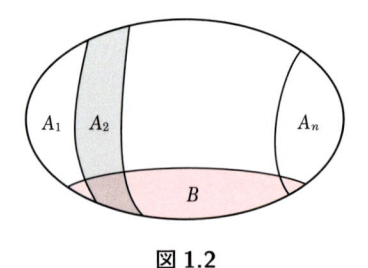

図 1.2

[証明] 事象 B は，各層に属す互いに素な事象 $A_i \cap B$ の和として

$$B = (A_1 \cap B) \cup (A_2 \cap B) \cup \cdots \cup (A_n \cap B)$$

と表されるから（図 1.2 参照），その確率 $P(B)$ も公理 (iii) (p. 4) によって

$$P(B) = P(A_1 \cap B) + P(A_2 \cap B) + \cdots + P(A_n \cap B)$$

で与えられる．これに確率の乗法定理（p. 8）を適用すれば

$$P(A_i \cap B) = P(A_i) P(B \mid A_i)$$

であるから

$$P(B) = P(A_1)P(B \mid A_1) + P(A_2)P(B \mid A_2) + \cdots + P(A_n)P(B \mid A_n)$$

となる． ◆

定理 1.5 全事象が A_i $(i=1,\ldots,n)$ に層別されているとき，事象 B が起こったときの各層の条件付き確率 $P(A_i \mid B)$ を**事後確率** (posterior probability) といい，事前確率 $P(A_i)$ と条件付き確率 $P(B \mid A_i)$ を使って，

$$P(A_i \mid B) = \frac{P(A_i)P(B \mid A_i)}{P(A_1)P(B \mid A_1) + P(A_2)P(B \mid A_2) + \cdots + P(A_n)P(B \mid A_n)}$$

と表される．これを**ベイズの定理**という．

[証明] 層 A_i で起きる事象 B の確率 $P(A_i \cap B)$ は，乗法定理（p. 8）より，

$$P(A_i \cap B) = P(A_i)P(B \mid A_i) = P(B)P(A_i \mid B)$$

であるから，全確率の公式（p. 10）より，

$$P(A_i \mid B) = \frac{P(A_i)P(B \mid A_i)}{P(B)}$$
$$= \frac{P(A_i)P(B \mid A_i)}{P(A_1)P(B \mid A_1) + \cdots + P(A_i)P(B \mid A_i) + \cdots + P(A_n)P(B \mid A_n)}$$

となる． ◆

例題 1.4

2つの壺 U_1, U_2 があり，U_1 には赤球 4 個，白球 6 個が入っており，U_2 には赤球 6 個，白球 4 個が入っているものとする．いま，サイコロを投げ，1, 2, 3, 4 の目が出ると U_1 から，5, 6 の目が出ると U_2 から，2 個の球を（無作為に）取り出すものとする．次の確率を求めよ．

（1） 取り出した球が 2 個とも白球である確率．
（2） 2 個とも白球であったとして，それが，U_1 から取り出された確率．
（3） 2 個とも白球であったとして，それが，U_2 から取り出された確率．

[解] 赤球を R，白球を W で表す．また，壺 U_1 から球を取り出す事象を U_1，壺 U_2 から球を取り出す事象を U_2 とすると，サイコロ投げによって壺が選ばれる確率はそれぞれ

$$P(U_1) = \frac{4}{6} = \frac{2}{3}, \quad P(U_2) = \frac{2}{6} = \frac{1}{3}$$

である．

（1） 取り出した球が 2 個とも白球（$W = 2$）であるのは，壺 U_1 から取り出す場合と U_2 から取り出す場合とがあるから，

$$P(W = 2) = P(U_1)P(W = 2 \mid U_1) + P(U_2)P(W = 2 \mid U_2)$$

ところが，U_1 から 2 個の白球を取り出す（非復元抽出のため，1 回目は 10 個中 6 個が白球，2 回目は 9 個中 5 個が白球になる）ときの確率は

$$P(W = 2 \mid U_1) = \frac{6}{10} \cdot \frac{5}{9} = \frac{1}{3}$$

同様に，U_2 から 2 個の白球を取り出す確率は

$$P(W = 2 \mid U_2) = \frac{4}{10} \cdot \frac{3}{9} = \frac{2}{15}$$

であるから，

$$P(W=2) = \frac{2}{3}\cdot\frac{1}{3} + \frac{1}{3}\cdot\frac{2}{15} = \frac{12}{45} = \frac{4}{15}$$

（2） 2個とも白球であったとして，それが，U_1 から取り出された確率は $P(U_1\mid W=2)$ と書ける．これはベイズの定理（p. 11）を用いて

$$P(U_1\mid W=2) = \frac{P(U_1)P(W=2\mid U_1)}{P(U_1)P(W=2\mid U_1) + P(U_2)P(W=2\mid U_2)}$$

$$= \frac{\frac{2}{3}\cdot\frac{1}{3}}{\frac{2}{3}\cdot\frac{1}{3} + \frac{1}{3}\cdot\frac{2}{15}} = \frac{5}{6}$$

（3） これは（2）の余事象であるから，求める確率は $1-\frac{5}{6}=\frac{1}{6}$ ◆

演習問題 1

1.1 ロクロを半径 1 の円周上の一様な確率空間と考え，長さ s の弧には $\frac{s}{2\pi}$ の確率を与える．この円周を 25 等分して各区域に番号 $1, 2, \ldots, 25$ を付ける．ロクロを回して偶数番号の区域が自分の前で止まる確率を計算せよ．

1.2 袋の中に同じ大きさの球が，赤 6，白 5，青 4 個入っている．ランダムに 2 個取り出すとき，それがともに赤である確率と，赤と白である確率を求めよ．

1.3 ジョーカーを除いた一組のトランプから 4 枚のカードを抜き取ったとき，スペードとハートのカードが 1 枚ずつ含まれている確率を求めよ．

1.4 xy 平面上の 4 点 $(0,0), (1,0), (1,1), (0,1)$ を頂点とする正方形の上にランダムに 1 点をとる．
（1） その点が $x=0, y=0, x+y=1$ で囲まれる三角形に入る確率を計算せよ．
（2） その点が $x=0, y=0, x+y=1$ で囲まれる三角形にあることがわかっているとき，それがまた $y=0, x=1, x=y$ の三角形の中にある確率を計算せよ．

（3） その点が $y=0, y=1, x=0, x=\frac{1}{2}$ で囲まれる長方形にあることがわかっているとき，それがまた $x=0, y=0, x=\frac{1}{2}, x+y=1$ の台形の中にある確率を計算せよ．

1.5 半径 1 の円板上にランダムに 1 点をとる．その点が，中心角が 0 から $\frac{\pi}{4}$ ラジアンまでの扇形部分に入る確率を求めよ．

1.6 半径 1 の円板を半径 $\frac{1}{4}, \frac{1}{2}, \frac{3}{4}, 1$ である 4 つの同心円に分けた標的がある．標的に向かってランダムにダーツ（投げ矢）を 10 回独立に投げる．

（1） 高々 1 本が半径 $\frac{1}{2}$ の円に囲まれる区域に当たる確率を計算せよ．

（2） 5 本が半径 $\frac{1}{2}$ の円の内側に当たったとき，少なくとも 1 本が半径 $\frac{1}{4}$ の円内に当たる確率を求めよ．

1.7 次の式が成立するための条件をそれぞれ調べよ．
（1） $P(A \mid B) + P(A^c \mid B^c) = 1$
（2） $P(A \mid B) = P(A \mid B^c)$

1.8 事象 A, B が互いに独立であるとき，A^c, B^c も互いに独立であることを示せ．

1.9 事象 A, B, C が

$$P(A \cap B \cap C) \neq 0, \quad P(C \mid A \cap B) = P(C \mid B)$$

を満たすとき，$P(A \mid B \cap C) = P(A \mid B)$ が成り立つことを示せ．

1.10 2 つの壺 U_1, U_2 があって，U_1 には赤球 5 個，白球 3 個，黒球 2 個；U_2 には赤球 2 個，白球 3 個，黒球 5 個が入っている．いま，U_1 から 1 個の球を取り出して U_2 に入れ，次に U_2 から 1 個の球を取り出したところ黒球であった．はじめに U_1 から取り出した球が黒球である確率を求めよ．

1.11 30 人が集まったパーティで，その中に，誕生日が同じ（同月同日）者が一組でもいる確率はいくらか．ただし，2 月 29 日は除くものとする．「いる」，「いない」の確率がほぼ五分五分となるのは参会者が何人のときか．

統計学の歴史

統計学は英語では statistics といわれているが，これはドイツ語の Statenkunde（国勢の知識）に由来している．17 世紀以降，ドイツで国の人口，面積，産物などの状況を国勢として記述したところからきており，後の官庁統計の基をなした．イギリスでは政治算術 (Political arithmetics) といわれ，社会現象や経済事象が数量化され，経済統計学へと発展していった．こうして国家の統計に発し，社会現象を数量的に取り扱う学問としての統計学が誕生したが，これは大量のデータを取り扱い，多数のサンプルを扱うことによって，個々の差異が抹消されて，全体の傾向が見えてくるという考え方に根ざした大量観察の統計学であった．

それに対して，17 世紀，フランスの貴族は賭の勝ち負けを数学的に計算する方法に興味を持ち，確率の数学が展開された．組合せ数から確率を計算し，わずかな差の勝ち目を問題としたパスカル (Pascal, B., 1623–62) の書簡は有名である．そして，19 世紀にいたって，ラプラス (Laplace, P. S., 1749–1827) により，確率論が数学の一分野として大成され，偶然と思われていたもの（神の意志）にも科学のメスが入れられ，その法則が明らかにされていった．

これらの 2 つの流れを源として，古典的統計学が確立されたのであるが，19 世紀初頭は統計万能の時代であり，ヨーロッパ各国はこぞって官庁統計を実施し，結果を公表した．統計に関する国際協力も行われ，1853 年にはケトレー (Quetelet, L. A., 1796–1874) によって第 1 回国際統計会議がベルギーのブラッセルで開催された．

古典統計学から近代統計学への変貌は 19 世紀末から 20 世紀にかけて行われた．自然科学の中にも統計学が取り入れられ，進化論，遺伝学などの分野で自然の法則が統計処理により確かめられ，生物統計学への発展の端緒となった．たとえば，モーメント，パーセンタイル，相関，回帰などの記述統計学の多くの用語は，この時期にゴルトン (Galton, F., 1822–1911) やピアソン (Pearson, K., 1857–1936) らにより確立されたものであり，それらの手法は社会統計，経済統計の領域にも応用され，記述統計学の完成をみるにいたった．

しかし，大量のデータに見られる法則とは別に，少数サンプルの動きにも関心がもたれ，ゴセット (Gosset, S., 1876–1937) のティー分布や，フィッシャー

(Fisher, R. A., 1890–1962) の農事試験場における作物の収穫に関する実験計画法，分散分析法など，小標本に関する理論が研究され，1930 年代にかけて，少数サンプルから全体を推測する推測統計学の方法が急速に展開されていった．

　推測統計学の成果は，1940 年代には工場における製品の品質管理にも応用され，統計的品質管理が発展すると同時に，サンプリング理論が社会・経済事象の研究にも応用され，社会調査は従来の全数調査から少数の標本調査へと変化を遂げるにいたった．

　戦後の統計学は現代統計学として位置づけられるが，その特徴を一言でいえば，コンピュータの発展と普及による統計学の隆盛であろう．大量のデータ処理に必要な計算時間が問題とならなくなり，これまで計算法は提案されながらも膨大な計算量のため実際に解かれることの少なかった方法，たとえば多変量解析の諸手法が，コンピュータを用いて容易に解くことができるようになった．そして，情報科学の勃興とともに計算のアルゴリズム（算法）にも工夫が凝らされ，今日では統計学は，あらゆる科学に浸透して，データの科学的分析に不可欠の方法としての評価を受けるにいたっている．

第 2 章
データ処理

　データは大量の数字の集まりであって，そのまま眺めていても全体の傾向はなかなか見えてこない．これを集計して表の形にまとめたり，あるいはそれをグラフに描いたりしてみると，分布状況が一目でわかり，全体の見通しがよくなる．たとえば，日常よく用いられるように，平均を計算すれば全体の傾向が端的に一つの数字で示され，他のデータとの比較に便利である．本章では，大量のデータの見通しをよくしたり，データのもつ情報を取り出したりする方法について学習しよう．

1　度数分布表とヒストグラム

　大量のデータについて，全体の傾向を知る方法は，視覚的に分布の状況を眺めることである．そのための第 1 段階は，データを分類して表の形に整理し，そのグラフを描くことである．

表 2.1　新生児の体重データ（測定単位 g，標本数 $n = 100$）

3110	2500	2770	3010	3000	3000	2740	3040	3060	3410
3100	2620	3910	3650	2840	2480	2790	3720	3520	2850
3140	2780	2270	2700	2830	3020	3160	4060	2620	3390
3050	3190	3710	3460	3200	3260	3040	3610	3360	3280
2480	3440	2970	3050	2590	3320	3580	3820	3450	4150
3300	3020	3360	3140	3300	3600	3330	3300	3300	3170
3340	3250	2880	3560	3060	3320	2740	2380	3590	2460
2960	3170	3000	3250	3140	3220	3160	3730	3460	3360
3160	3540	2890	3060	2900	3040	3220	3590	2680	3150
2770	3220	2970	3300	3560	3520	2760	2740	2820	4180

統計学でよく用いられる方法を，表 2.1 で与えた 100 人分の新生児の体重データを例にして説明する．この表 2.1 のように，整理されていないデータを**粗データ** (raw data) という．この粗データ x_i ($i = 1, 2, \ldots, 100$) を（この例ならば，体重別の）いくつかの**階級**（クラス）に分類し，次ページの表 2.2 のような**度数分布表** (frequency table) と呼ばれる表に整理することである．

各階級に属するデータの個数を**度数** (frequency) という．度数分布表の作成方法として特に定まった方法があるわけではないが，一般的に次のステップで作業が行われる．

① データの**最大値** (max) と**最小値** (min) を探し，データの**範囲** (range) R を求める．min $= 2270$, max $= 4180$ であるから $R =$ max $-$ min $= 4180 - 2270 = 1910$ となる．

② 階級の幅（**階級幅**という）h と階級の個数（**階級数**という）k を決める．階級幅は 5, 10 の倍数などで，まとまりのよい数が用いられるが，必ずしもこだわる必要はない．階級の個数はデータ数にもよるが，ふつう 10〜15 とする．階級幅が狭く，階級数が多いと，その階級に属する度数に凹凸が生じて望ましくない．表 2.1 のデータの場合，階級幅を $h = 200$ とし，階級数を $k = 11$ としよう．

③ 両裾の階級以外は，階級幅 h はすべて同じとする．階級 j におけるデータ値の下限を a_j, 上限を a_{j+1} とすると $h = a_{j+1} - a_j$ である．ただし，階級の境にあるデータが，2 つの階級に属すことを避けるために，両裾の階級以外では階級の下限 a_j または上限 a_{j+1} のどちらか一方をその階級から除外する．たとえば，$a_j < x \leq a_{j+1}$ または $a_j \leq x < a_{j+1}$ ととればよい．あるいは，階級の上下限を測定値より一桁小さい数を階級の分け目に使うことにより重複の配慮は不要になり，さらに，データが四捨五入されたものであることも示唆されることがある．

④ 階級の中央値となる $c_j = \dfrac{a_j + a_{j+1}}{2}$ を**階級値** (class mark) といい，階級に属するデータをこの階級値で代表させるときに使われる．

1 度数分布表とヒストグラム

⑤ データを階級に分類し，集計し，各階級に属するデータ数（度数）f_j を求める．度数の総合計はサンプル数 n である：

$$f_j = \#\{x_i : a_j < x_i \leq a_{j+1}\}, \quad n = \sum_{j=1}^{k} f_j$$

ここで，$\#A$ は集合 A に属する元の個数を表す．

度数分布表をグラフに描いたものを**柱状図**または**ヒストグラム** (histogram) という（図 2.1 参照）．また，次ページの図 2.2 のように，階級値と度数の頂点の点，すなわち，(c_j, f_j) を階級ごとに結んだものを**度数多角形**といい，ヒストグラムとほぼ同じ情報を示す．

表 2.2 体重の度数分布表

階級番号 j	階級の範囲 $a_j < x \leq a_{j+1}$	階級値 c_j	度数 f_j	集計
1	2100〜2300	2200	1	/
2	2300〜2500	2400	5	卌
3	2500〜2700	2600	5	卌
4	2700〜2900	2800	15	卌 卌 卌
5	2900〜3100	3000	18	卌 卌 卌 ///
6	3100〜3300	3200	24	卌 卌 卌 卌 ////
7	3300〜3500	3400	13	卌 卌 ///
8	3500〜3700	3600	11	卌 卌 /
9	3700〜3900	3800	4	////
10	3900〜4100	4000	2	//
11	4100〜4300	4200	2	//
計			100	

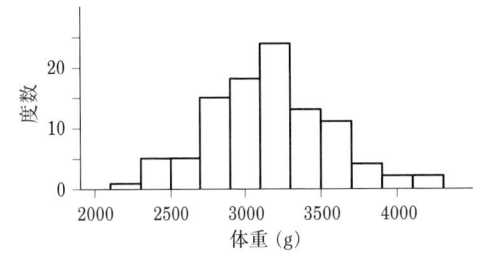

図 2.1 体重データのヒストグラム

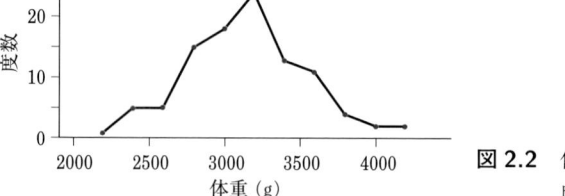

図 2.2 体重データの度数多角形

表 2.2 の度数 f_i を下位の階級から加算したものを**累積度数**といい，F_j で表す：$F_j = \sum_{i=1}^{j} f_i$

総標本数 n に対する度数 f_i の比 $p_i \left(= \dfrac{f_i}{n} \right)$ を**比率**あるいは**相対度数**という．下位の階級から順番に比率 p_i までを加算したものを**累積比率**または**累積相対度数**といい，P_j で表す：$P_j = \sum_{i=1}^{j} p_i$

表 2.3 体重の累積比率

階級番号 j	階級の範囲 $a_j < x \leq a_{j+1}$	階級値 c_j	度数 f_j	累積度数 F_j	比率 p_j	累積比率 P_j
1	2100〜2300	2200	1	1	0.01	0.01
2	2300〜2500	2400	5	6	0.05	0.06
3	2500〜2700	2600	5	11	0.05	0.11
4	2700〜2900	2800	15	26	0.15	0.26
5	2900〜3100	3000	18	44	0.18	0.44
6	3100〜3300	3200	24	68	0.24	0.68
7	3300〜3500	3400	13	81	0.13	0.81
8	3500〜3700	3600	11	92	0.11	0.92
9	3700〜3900	3800	4	96	0.04	0.96
10	3900〜4100	4000	2	98	0.02	0.98
11	4100〜4300	4200	2	100	0.02	1

データ値を横軸に，累積比率を縦軸に選んだ平面上で，隣り合う各点 (a_{j+1}, P_j) を直線で結び図示したものを**累積比率図**という．このグラフは

単調増加の折線であり，ゆるやかな S 字型をしている．このグラフのデータ値には階級値 c_j ではなく，階級の上限 a_{j+1} を用いることに注意されたい．体重データに対する累積比率図は，図 2.3 のように与えられる．

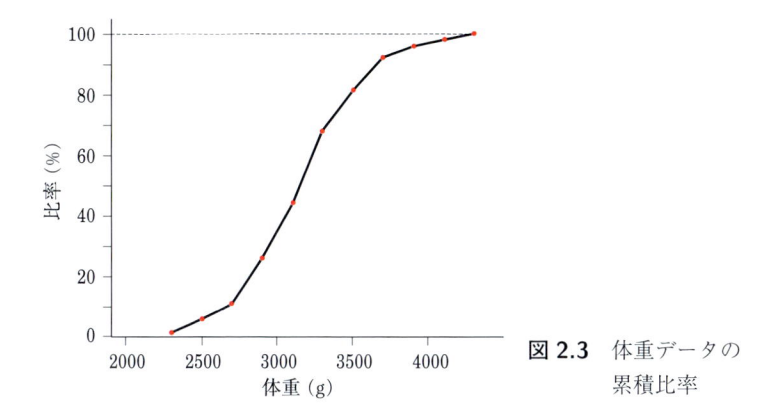

図 2.3 体重データの累積比率

例題 2.1

次のデータはある大学での学生の通学時間（片道，単位は分）である．度数分布表を作成し，度数多角形を描け．また，分布の特徴について述べよ．

20	30	20	10	90	120	20	30	65	10	30	110	30	90	15	5
100	20		80	30	150		90	120	95	50	65	60	40	115	20	100	35
100	130	100	80	25	10		15	85	30	15	25	125	100	15	45	20
65	25		10	40	70	45		50	10	70	85	60		45	80	20	30	5
110	90		30	75	40	55		80	70	90	25	85		15	30	90	10	45

[解] 階級幅を 20 として集計する．度数分布表と度数多角形は次ページのようになる．

このように，山が 2 つある分布を**双峰型** (bi-modal) という．大学の近くに下宿する学生と，少し遠くなっても自宅や親戚宅に下宿したりする 2 つのタイプの学生がいることを示している．一般に，データが双峰性の分布を示すとき，タイプの異なる 2 種類のデータが混在していることが考えられる．

階級	度数	比率
(0, 15)	8	0.100
[15, 35)	25	0.313
[35, 55)	10	0.125
[55, 75)	9	0.113
[75, 95)	14	0.175
[95, 115)	8	0.100
[115, 135)	5	0.063
[135, 155)	1	0.013
	80	

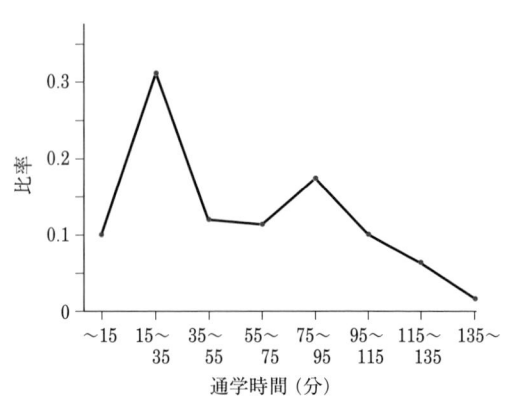

図 2.4　通学時間の分布（分）

2　データの特性値

全データの統計処理として，分布の特徴を把握するために，さまざまな処理が行われる．データ数が n 個の粗データ x_i をそのまま用いる場合と，階級数が k の度数データ（階級値とその度数）を用いる場合とに分けて述べる．

粗データ：　$x_1, x_2, \ldots, x_i, \ldots, x_n$

度数データ：

階級値	c_1	c_2	$\cdots$	c_j	$\cdots$	c_k	計
度　数	f_1	f_2	$\cdots$	f_j	$\cdots$	f_k	n

2.1　データの位置　データの分布**位置** (location) を表す指標として平均値が通常用いられるが，その他に中央値や最頻値がある．平均値は全データ値を単純に加算するので，次ページで述べる中央値や最頻値に比べてデータ中の大きい値または小さい値の影響を受ける．

平均値 $\bar{x}$：全データ値を加算して，データ数で割ったものを**平均値** (mean)といい，記号 $\bar{x}$ で表す．

粗データの場合：　　$\bar{x} = \dfrac{1}{n}(x_1 + x_2 + \cdots + x_n) = \dfrac{1}{n}\sum_{i=1}^{n} x_i$

度数データの場合：　$\bar{x} = \dfrac{1}{n}(c_1 f_1 + c_2 f_2 + \cdots + c_k f_k) = \dfrac{1}{n}\sum_{j=1}^{k} c_j f_j$

中央値 Me：全データ値を大きさに関する順に並べたとき，真中の順番になるデータ値を**中央値**または**メディアン** (median) といい，記号 Me で表す．

粗データの場合：x_i のデータ番号 i はデータ値の大きさと無関係であるが，ここではデータを小さいものから順に並べ，i 番目のものを $x_{(i)}$ と書く．n が奇数のとき，中央値をとる項そのものが存在して，

$$Me = x_{\left(\frac{n+1}{2}\right)}$$

である．n が偶数のとき，中央値を直接与える項は存在しないため，次のように，隣接する 2 項の相加平均として定める：

$$Me = \frac{x_{\left(\frac{n}{2}\right)} + x_{\left(\frac{n}{2}+1\right)}}{2}$$

度数データの場合：小さい階級から，その度数を加算していき，累積度数が最初に $\dfrac{n}{2}$ を越える階級 l を探す：

$$F_{l-1} = f_1 + f_2 + \cdots + f_{l-1} \leq \frac{n}{2}, \quad F_l = F_{l-1} + f_l > \frac{n}{2}$$

この l が中央値を含む階級である．その階級の度数を f_l，階級幅を h，階級値を a_l とするとき，中央値は f_l を比例配分して，次のように定める：

$$Me = a_l + h \times \frac{\dfrac{n}{2} - F_{l-1}}{f_l}$$

最頻値 Mo：これは度数データに対してのみ定義される．最大度数 f_m ($=\max\{f_1, f_2, \ldots, f_k\}$) をとる階級値を**最頻値**または**モード** (mode) といい，記号 Mo で表す．ただし，代表値としてはその階級の階級値 c_m をとる：$Mo = c_m$．より精密には，階級値 c_m ではなく，階級 m に隣接する階級 $m-1$ と $m+1$ との度数の差を考慮した比例配分値が用いられる：

$$Mo = a_m + h \times \frac{f_m - f_{m-1}}{(f_m - f_{m-1}) + (f_m - f_{m+1})}$$

例題 2.2

（1） 粗データ表 2.1 について，平均値，中央値を求めよ．

（2） 度数データ表 2.2 について，平均値，中央値，最頻値を求めよ．

[解] （1） 平均値 $\bar{x}$ は

$$\bar{x} = \frac{1}{100}(3110 + 3100 + \cdots + 4180) = \frac{316020}{100} = 3160.2$$

中央値 Me は，標本の大きさ $n = 100$ が偶数であることから，

$$Me = \frac{1}{2}\left(x_{\left(\frac{n}{2}\right)} + x_{\left(\frac{n}{2}+1\right)}\right) = \frac{1}{2}(3160 + 3160) = 3160$$

（2） 平均値 $\bar{x}$ は

$$\bar{x} = \frac{1}{100}(2200 \times 1 + 2400 \times 5 + \cdots + 4200 \times 2) = \frac{315400}{100} = 3154$$

中央値 Me は

$$Me = 3100 + 200 \times \frac{\frac{100}{2} - 44}{24} = 3150$$

最頻値 Mo は

$$Mo = 3100 + 200 \times \frac{24 - 18}{(24 - 18) + (24 - 13)} = 3170.59$$

▶ **注意** （1），（2）の両者を比較したとき若干の差があるが，データ数が多いときは，計算の簡単な度数分布表を使った計算で十分であることがわかる．なお，データ数が少ない場合は，両者の値には差が生じる場合があることに注意しよう．

2.2 データの拡がり

次に，データの**拡がり** (scale)，すなわち，**散らばり** (dispersion) を表す指標として最もよく用いられるのは，分散および標準偏差である．標準偏差の他に平均偏差，範囲，四分位範囲がある．粗データ，度数データともに定義されるが，式の形が異なる場合は明示する．

分散 s^2：粗データ x_i の平均 $\bar{x}$ からの差 $x_i - \bar{x}$ を**偏差** (deviation) という．偏差の 2 乗平均を**分散** (variance) といい，記号 s^2 で表す：

$$s^2 = \frac{1}{n} \sum_{i=1}^{n} (x_i - \bar{x})^2$$

度数データの場合は，度数 f_j と階級値 c_j を用いた次式で与えられる：

$$s^2 = \frac{1}{n} \sum_{j=1}^{k} (c_j - \bar{x})^2 f_j$$

n の代わりに $n-1$ で割ったものを**不偏分散**といい，記号 u^2 で表す：

$$u^2 = \frac{1}{n-1} \sum_{i=1}^{n} (x_i - \bar{x})^2$$

度数データの場合は，

$$u^2 = \frac{1}{n-1} \sum_{j=1}^{k} (c_j - \bar{x})^2 f_j$$

標準偏差 s：分散 s^2 は偏差の 2 乗平均であるから，単位はもとのデータの単位の 2 乗である．これをデータの単位に戻すために，分散の正の平方根をとった値 $s\,(=\sqrt{s^2}\,)$ を**標準偏差** (standard deviation; SD) という．したがって，不偏分散に対応する標準偏差は $u\,(=\sqrt{u^2}\,)$ で表すことに注意しよう．

平均偏差 MD：偏差の絶対値の平均を**平均偏差** (mean deviation) といい，記号 MD で表す：

$$MD = \frac{1}{n} \sum_{i=1}^{n} |x_i - \bar{x}|$$

範囲 R：範囲 (range) は最大値から最小値を引いた差で定義される：

$$R = \max\{x_1, x_2, \ldots, x_n\} - \min\{x_1, x_2, \ldots, x_n\} = x_{(n)} - x_{(1)}$$

四分位範囲 Q：データを小さい方から大きさの順に並べ，4 分の 1 ずつに分ける 3 つの点に対応するデータ値 Q_1, Q_2, Q_3 を**四分位点** (quartile) という．

小さい方から順に，Q_1 を第 1 四分位点，Q_2 は中央値にあたるのでそのまま中央値，Q_3 を第 3 四分位数点という．データ数 n の関係で直接あてはまるデータ値が見つからない場合や度数分布の場合には，中央値の項で説明した相加平均や比例配分（p. 23）によって定める．第 1 四分位数点から第 3 四分位数点までの距離を**四分位範囲** (interquartile range) といい，記号 Q で表す．位置の指標として中央値を，拡がりの指標として四分位範囲を合わせて用いる：

$$Q = Q_3 - Q_1$$

定理 2.1

（1） 偏差の和はゼロである：$\sum_{i=1}^{n}(x_i - \bar{x}) = 0$

（2） **分散公式**："分散 = 2 乗平均 − 平均の 2 乗" が成り立つ：

粗データの場合： $s^2 = \dfrac{1}{n}\sum_{i=1}^{n}{x_i}^2 - \bar{x}^2$

度数データの場合： $s^2 = \dfrac{1}{n}\sum_{j=1}^{k}{c_j}^2 f_j - \bar{x}^2$

［証明］ （1） 偏差の和はゼロであることに注意しよう：

$$\sum_{i=1}^{n}(x_i - \bar{x}) = n \cdot \frac{1}{n}\sum_{i=1}^{n}x_i - n\bar{x} = n\bar{x} - n\bar{x} = 0$$

（2） 粗データの場合を示すが，度数データについても同様である．

$$s^2 = \frac{1}{n}\sum_{i=1}^{n}({x_i}^2 - 2\bar{x}x_i + \bar{x}^2) = \frac{1}{n}\sum_{i=1}^{n}{x_i}^2 - 2\bar{x}\frac{1}{n}\sum_{i=1}^{n}x_i + \bar{x}^2$$

$$= \frac{1}{n}\sum_{i=1}^{n}{x_i}^2 - 2\bar{x}^2 + \bar{x}^2 = \frac{1}{n}\sum_{i=1}^{n}{x_i}^2 - \bar{x}^2 \qquad \blacklozenge$$

例題 2.3

（1） 粗データ表 2.1 について，分散，標準偏差を求めよ．

（2） 度数データ表 2.2 について，分散，標準偏差，四分位範囲を求めよ．

[解] （1） $\bar{x} = 3160.2$ であるから，分散は

$$s^2 = \frac{1}{100}\{(3110 - 3160.2)^2 + \cdots + (4180 - 3160.2)^2\} = 143911.96$$

したがって，標準偏差は

$$s = \sqrt{143911.96} = 379.36$$

（2） $\bar{x} = 3154$ であるから，分散は

$$s^2 = \frac{1}{100}\{(2200 - 3154)^2 \cdot 1 + \cdots + (4200 - 3154)^2 \cdot 2\} = 159084$$

したがって，標準偏差は

$$s = \sqrt{159084} = 398.85$$

四分位範囲を求めてみよう．$n = 100$ であるのでサンプル数の 1/4 は 25，3/4 は 75 であるから，比例配分の方法によって

$$Q_1 = 2700 + 200 \times \frac{25 - 11}{15} = 2886.67$$

$$Q_3 = 3300 + 200 \times \frac{75 - 68}{13} = 3407.69$$

$$Q = Q_3 - Q_1 = 3407.69 - 2886.67 = 521.02$$

▶ **注意** 粗データと度数データで分散の値は異なっていることがある．これは階級分けの影響によるものである．

3　データの変換

　英語と数学の成績の比較や日米の所得の比較を行うときのように，測定の内容や測定単位が異なるときには，単にデータ（の数値）をそのまま比較することはできない．同じ土俵上で検討できるようにデータを変換する必要がある．
　また，コンピュータで統計計算を行うときであっても，そのチェックのためには手計算を行う必要がある．データの手計算を行うときには，データを変換（加工）することにより，計算を簡単に行うことができる．

3.1 標準得点 上で述べたように，測定の内容や測定単位が異なっているとき，単に測定数値の違いを比較することはできない．こうした異種の分布を相互に比較するためには，まず，平均が 0 になるように平行移動 $x_i - \bar{x}$ ($=$ 偏差) を行い，さらに，標準偏差が 1 になるようにもとのデータの標準偏差 s で割る変換を行うのである．このように，「平均を引き，標準偏差で割る」データの変換を**標準化**または **z-変換**という．すなわち，データ $\{x_1, x_2, \ldots, x_n\}$ の平均が $\bar{x}$，標準偏差が s のとき，

$$z_i = \frac{x_i - \bar{x}}{s}, \quad i = 1, 2, \ldots, n$$

を**標準得点**または **z-スコア**または **z-値**という．分子と分母における測定値の単位がキャンセルされるので，標準得点は無名数である．

試験の成績については，変換した z_i が 100 点満点の場合の成績に近い値をとるように，z-スコアをさらに変換して

$$y_i = 10z_i + 50, \quad i = 1, 2, \ldots, n$$

とした**偏差値** (deviation score) を使うことが多い．変換式より明らかなように，偏差値の平均は 50，標準偏差は 10 である．標準得点または偏差値を用いれば，平均値と分散を一致させた相対的位置が示されるので，異なる種類のデータ間相互の比較が可能となる．

例題 2.4

ある学校での英語，数学のテストの結果は右のようであった．このとき，英語が 62 点，数学が 51 点であった A 君は，英語と数学のどちらがよくできていたといえるであろうか．

科目	平均	標準偏差
英語	60.4	8.73
数学	48.7	10.56

[解]　それぞれの科目について，標準得点 z を求めて比較すればよい．

$$\text{英語：} z = \frac{62 - 60.4}{8.73} = 0.183$$

$$\text{数学：} z = \frac{51 - 48.7}{10.56} = 0.218$$

したがって，標準得点は数学の方が高く，受験者中の相対的位置は数学の方が上位といえる．偏差値を求めてみると，

$$\text{英語：} y = 50 + 10 \cdot \frac{62 - 60.4}{8.73} = 51.83$$

$$\text{数学：} y = 50 + 10 \cdot \frac{51 - 48.7}{10.56} = 52.18$$

となり，偏差値は標準得点より試験の成績らしい値となっている．　◆

3.2　簡便的計算法　データを手計算するときには，データを 1 次変換（データ値全体の平行移動や圧縮・拡大を意味し，位取りの変更もその一例である）することにより計算を簡単に行うことができる．特にデータの桁数が大きいときには有効である．電卓やコンピュータの普及で，必ずしも簡便的計算法は必要ないと思われるかも知れないが，少数データをサンプルとして取り出して手計算による確認作業を行うときには役に立つ方法である．

データ $x_1, x_2, \ldots, x_n$ に 1 次変換

$$y_i = \frac{x_i - a}{b}, \quad i = 1, 2, \ldots, n \quad (b \neq 0)$$

を行う．目算で，a は平均に近いと思われる（切のよい）値に選び，b は変換後の値の桁が小数点前後に収まるように選べばよい．$y_1, y_2, \ldots, y_n$ の平均 $\bar{y}$ と標準偏差 s_y を計算し，それを逆変換 $(x_i = by_i + a)$ して $x_1, x_2, \ldots, x_n$ の平均 $\bar{x}$ と標準偏差 s_x を求める．ここで，a が平行移動に関与し，b が圧縮・拡大に関与している．したがって，標準偏差，分散の計算結果は b のみが関係し，a は関係しないことに注意しよう：

$$\text{平均：} \bar{x} = a + b\bar{y}, \quad \text{分散：} s_x{}^2 = b^2 s_y{}^2, \quad \text{標準偏差：} s_x = |b| s_y$$

表 2.1 の体重データについて，簡便法により平均，標準偏差を求めてみよう．a としては 3200, b としては 200 を選ぶと，この場合の変換式は

$$y = \frac{x - 3200}{200}$$

となるから，

$$\bar{y} = \frac{-0.45 - 0.50 + \cdots + 4.90}{100} = -0.199$$

$$s_y{}^2 = \frac{(-0.45)^2 + (-0.50)^2 + \cdots + 4.90^2}{100} - (-0.199)^2 = 3.598$$

$$s_y = \sqrt{s_y{}^2} = 1.8968$$

を得る．これらを用いて逆変換

$$x = 200y + 3200$$

を行うと

$$\bar{x} = 200 \times (-0.199) + 3200 = 3160.2$$

$$s_x = 200 \times 1.8968 = 379.36$$

となり，直接計算した場合（p. 24, 27）と同じ結果が得られる．

4　2 次元データの整理

これまでは新生児の体重のデータ表 2.1 を例にさまざまなデータの整理の方法を述べたが，今度は身長（cm）を追加し，身長を x, 体重を y とした 2 変数 (x, y) のデータ（これを **2 次元データ**という）の統計処理について考えよう．

4.1　散布図と相関表　次ページの表 2.4 は新たに選ばれた 60 人分の新生児の身長と体重の測定データである．

表 2.4　新生児の身長，体重のデータ（$n=60$）

番号	身長	体重	番号	身長	体重	番号	身長	体重
1	46.0	2700	21	48.0	3200	41	49.5	3590
2	49.5	3220	22	50.5	2940	42	48.5	2830
3	50.0	3360	23	48.5	2850	43	48.0	3120
4	50.0	3500	24	50.5	3220	44	51.0	3190
5	49.0	3120	25	48.5	2750	45	50.0	3600
6	50.0	3160	26	49.0	3020	46	47.0	2980
7	53.0	4150	27	48.5	2570	47	50.0	3090
8	48.0	3310	28	48.5	3030	48	51.0	3630
9	49.0	2880	29	45.0	2410	49	53.0	4060
10	50.5	3090	30	51.0	3280	50	50.0	3720
11	49.5	3020	31	50.5	3140	51	50.0	3400
12	49.0	3360	32	49.0	3040	52	50.5	3430
13	50.0	3110	33	52.0	3910	53	51.0	3250
14	50.0	3560	34	50.0	2770	54	48.0	2760
15	47.5	2990	35	46.5	2340	55	50.0	3320
16	50.5	3440	36	50.0	3140	56	49.0	2930
17	48.0	2920	37	50.5	3560	57	50.0	3320
18	49.0	3060	38	50.0	3390	58	48.0	2620
19	49.0	3360	39	50.0	3420	59	47.5	2860
20	50.0	3400	40	51.0	3450	60	48.0	2530

表 2.4 を，身長 x と体重 y を対にした 2 変数 (x, y) のデータと見よう：

$$(x_1, y_1), (x_2, y_2), \ldots, (x_n, y_n), \quad n = 60$$

x, y 成分を別々に切り離して，それぞれを 1 次元データとして取り扱うならば，これまでと同様の結果が得られる．ただし，2 次元データの場合には x, y をそれぞれ階級に分けて得られる度数分布を**周辺度数分布**} (marginal frequency distribution) といい，それを図示したヒストグラムを**周辺ヒストグラム**という（p. 19 参照）．ここでは，特性値として平均と分散を取り上げる：

$$\bar{x} = \frac{1}{n}\sum_{i=1}^{n} x_i, \quad \bar{y} = \frac{1}{n}\sum_{i=1}^{n} y_i$$

$$s_x{}^2 = \frac{1}{n}\sum_{i=1}^{n}(x_i - \bar{x})^2, \quad s_y{}^2 = \frac{1}{n}\sum_{i=1}^{n}(y_i - \bar{y})^2$$

次に，2変数 (x,y) データを同時に考え，両変数の関係を調べることにしよう．x 軸に身長をとり，y 軸に体重をとって両者をプロットすると，身長と体重の関係を視覚的に見ることができる．このようなグラフを**散布図** (scatter plot) という．図 2.5 では身長が高くなるにつれて体重が増大する傾向を示していることが見てとれる．

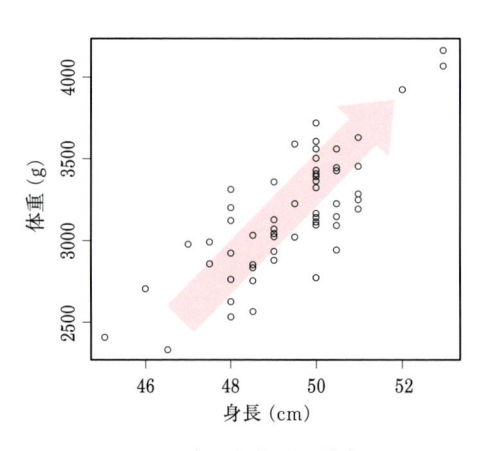

図 2.5 身長と体重の散布図

次に，2次元の粗データの各成分を階級（x を k 個の階級，y を l 個の階級）に分け，2次元的に分類しよう．x,y 成分の階級分割点を

$$x: a_1, a_2, \ldots, a_k, a_{k+1}, \quad y: b_1, b_2, \ldots, b_l, b_{l+1}$$

とし，それぞれの階級値を c_h, d_j とする：

$$x: c_h = \frac{a_h + a_{h+1}}{2}, \quad y: d_j = \frac{b_j + b_{j+1}}{2}$$

4 2次元データの整理

いま，x, y 成分のそれぞれの階級を H_h, J_j で表し，

$$x : H_h = (a_h, a_{h+1}], \quad y : J_j = (b_j, b_{j+1}]$$

とするとき，

$$f_{hj} = \#\{(x_i, y_i) : a_h < x_i \leq a_{h+1},\ b_j < y_i \leq b_{j+1}\}$$

を**同時度数** (joint frequency) という．すなわち，2つの区間 H_h, J_j を2辺とする四角形の領域として与えられる

$$I_{hj} = H_h \times J_j = (a_h, a_{h+1}] \times (b_j, b_{j+1}]$$

に属するデータ点 (x_i, y_i) の個数が同時度数 f_{hj} であり，これを表にしたものが**相関表** (correlation table) である．表 2.4 のデータから表 2.5 のような身長・体重についての相関表が得られる．この表からも身長が高くなるにつれて体重も増大する傾向にあることがわかる．

表 2.5 身長と体重の相関表

体重＼身長	45	46	47	48	49	50	51	52	53	計
2400	1	1	0	0	0	0	0	0	0	2
2600	0	1	0	3	0	0	0	0	0	4
2800	0	0	1	4	1	1	0	0	0	7
3000	0	0	2	2	5	3	0	0	0	12
3200	0	0	0	2	2	5	3	0	0	12
3400	0	0	0	1	2	10	1	0	0	14
3600	0	0	0	0	1	3	1	0	0	5
3800	0	0	0	0	0	1	0	0	0	1
4000	0	0	0	0	0	0	0	1	1	2
4200	0	0	0	0	0	0	0	0	1	1
計	1	2	3	12	11	23	5	1	2	60

4.2 共分散と相関係数　2 変数の関係を視覚的に見るだけでなく，定量的にも扱えるようにしよう．x, y の**偏差**（$x_i - \bar{x}$ と $y_i - \bar{y}$；$\bar{x}, \bar{y}$ は平均）の積平均を**共分散** (covariance) といい，記号 s_{xy} で表す：

$$s_{xy} = \frac{1}{n} \sum_{i=1}^{n} (x_i - \bar{x})(y_i - \bar{y})$$

度数分布の場合は，相関表により同時度数 f_{hj} を用いて計算される：

$$s_{xy} = \frac{1}{n} \sum_{h=1}^{k} \sum_{j=1}^{l} (c_h - \bar{x})(d_j - \bar{y}) f_{hj}$$

たとえば，身長と体重の場合の共分散は単位が cm・g であって，共分散そのままでは大小の比較さえも難しく，また，その値の大きさの上下限も定まらない．そこで，共分散 s_{xy} を標準偏差 s_x, s_y で割った量を考える．これを変数 x, y の**相関係数** (correlation coefficient) といい，記号 r で表す（p. 36 参照）．相関係数は無単位の数であり，上限 $+1$，下限 -1 に押えられている：

$$r = \frac{s_{xy}}{s_x s_y} = \frac{\dfrac{1}{n} \sum_{i=1}^{n} (x_i - \bar{x})(y_i - \bar{y})}{\sqrt{\dfrac{1}{n} \sum_{i=1}^{n} (x_i - \bar{x})^2} \sqrt{\dfrac{1}{n} \sum_{i=1}^{n} (y_i - \bar{y})^2}}$$

特に，$r = 0$ であるとき，x, y は**無相関**であるという．

定理 2.2　（1）　相関係数 r は $|r| \leq 1$ である．
（2）　$r = \pm 1$ が成り立つのは，次の線形（直線）関係が成り立つときである：

$$\frac{y - \bar{y}}{s_y} = \pm \frac{x - \bar{x}}{s_x}, \quad \text{すなわち} \quad y = \bar{y} \pm \frac{s_y}{s_x}(x - \bar{x}) \quad \text{（複号同順）}$$

［証明］　x, y の z-変換を

$$u_i = \frac{x_i - \bar{x}}{s_x}, \quad v_i = \frac{y_i - \bar{y}}{s_y} \quad (i = 1, 2, \ldots, n)$$

とする．このとき，

$$\frac{1}{n}\sum_{i=1}^{n} u_i{}^2 = \frac{1}{n}\sum_{i=1}^{n} v_i{}^2 = 1, \quad \frac{1}{n}\sum_{i=1}^{n} u_i v_i = r$$

が成り立つことが簡単な計算でわかる．よって，変数 u, v の差の 2 乗平均は

$$0 \leq \frac{1}{n}\sum_{i=1}^{n} (u_i - v_i)^2 = \frac{1}{n}\sum_{i=1}^{n} u_i{}^2 + \frac{1}{n}\sum_{i=1}^{n} v_i{}^2 - 2\cdot\frac{1}{n}\sum_{i=1}^{n} u_i v_i = 2(1-r)$$

すなわち，$r \leq 1$ である．$r = 1$ のとき，$v_i = u_i \ (i = 1, \ldots, n)$ が成り立つ．

同様に，u, v の和の 2 乗平均

$$0 \leq \frac{1}{n}\sum_{i=1}^{n} (u_i + v_i)^2 = \frac{1}{n}\sum_{i=1}^{n} u_i{}^2 + \frac{1}{n}\sum_{i=1}^{n} v_i{}^2 + 2\cdot\frac{1}{n}\sum_{i=1}^{n} u_i v_i = 2(1+r)$$

より，$r \geq -1$ が示される．$r = -1$ のとき，$v_i = -u_i \ (i = 1, \ldots, n)$ が成り立つ． ◆

例題 2.5

（1） 表 2.4 の粗データについて，共分散と相関係数を求めよ．
（2） 表 2.5 の相関表によって，共分散と相関係数を求めよ．

[解]　（1）　$s_{xy} = \dfrac{1}{60}\{(46 - 49.42)(2700 - 3172.83)$
$\qquad\qquad + \cdots + (48 - 49.42)(2530 - 3172.83)\} = 431.43$

$\qquad r = \dfrac{431.43}{366.11 \times 1.48} = 0.796$

（2）　$s_{xy} = \dfrac{1}{60}\{(45 - 49.27)(2400 - 3180)\cdot 1$
$\qquad\qquad + \cdots + (53 - 49.27)(4200 - 3180)\cdot 1\} = 442$

$\qquad r = \dfrac{442}{371.84 \times 1.52} = 0.782$ ◆

例題 2.6

次のデータは女子学生 60 人の身長と体重のデータである．散布図を描け．また，相関係数を求めよ．

表 2.6　女子学生の身長と体重のデータ（$n = 60$）

番号	身長	体重	番号	身長	体重	番号	身長	体重
1	149	46	21	152	47	41	157	49
2	165	50	22	160	44	42	155	46
3	157	51	23	158	49	43	154	52
4	155	52	24	167	54	44	155	53
5	157	48	25	153	42	45	156	46
6	157	50	26	160	50	46	161	52
7	158	53	27	161	60	47	158	55
8	163	49	28	151	43	48	168	70
9	162	53	29	165	58	49	153	48
10	158	46	30	164	55	50	155	48
11	159	47	31	160	58	51	155	49
12	153	48	32	163	52	52	157	51
13	153	45	33	158	52	53	154	48
14	155	50	34	155	50	54	155	54
15	161	51	35	159	53	55	160	43
16	155	56	36	172	56	56	147	43
17	154	53	37	155	44	57	166	54
18	151	47	38	165	55	58	155	44
19	163	51	39	155	45	59	148	45
20	156	46	40	159	49	60	153	44

［解］　散布図は次ページの図 2.6 のように与えられる．また，相関係数を求めると，

$$r = \frac{15.62}{4.96 \cdot 5.01} = 0.63$$

となる．

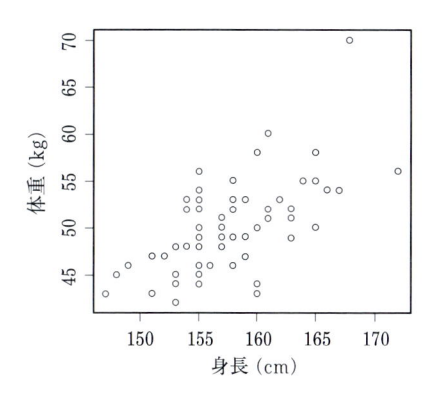

図 2.6　女子学生の体重と身長のデータに対する散布図

相関係数の値がどの程度であれば，相関が高いというのかということは，分野によっても異なり，一概にいえない．心理学や教育学の分野では，一応の目安として

$|r| \geq 0.7$ のとき　　　　高い相関がある，

$0.4 \leq |r| \leq 0.7$ のとき　　かなりの相関がある，

$0.2 \leq |r| \leq 0.4$ のとき　　低い相関がある，

$|r| \leq 0.2$ のとき　　　　ほとんど相関がない

といわれている（肥田野 直ほか著「心理・教育 統計学」培風館, p. 121 参照）．

演習問題 2

2.1 共分散 s_{xy} について，次の**共分散公式**が成り立つことを示せ．

$$s_{xy} = \frac{1}{n}\sum_{i=1}^{n} x_i y_i - \bar{x}\bar{y}$$

〔共分散 ＝ 　積の平均　 − 平均の積〕

2.2 平均 $\bar{x}_n$ について，次の n に関する漸化式が成り立つことを示せ．

$$\bar{x}_{n+1} = \frac{n}{n+1}\bar{x}_n + \frac{1}{n+1}x_{n+1}, \quad n = 1, 2, \ldots$$

2.3 分散 $s_n{}^2$ について，次の n に関する漸化式が成り立つことを示せ．

$$s_{n+1}{}^2 = \frac{n}{n+1}s_n{}^2 + \frac{n}{(n+1)^2}(x_{n+1} - \bar{x}_n)^2, \quad n = 1, 2, \ldots$$

2.4 トランプ 52 枚を伏せ，任意の 2 枚をめくったときの，数字の差のデータ分布は次の通りであった．平均と分散を求めよ．また，理論値の度数を計算して比較せよ．

差	0	1	2	3	4	5	6	7	8	9	10	11	12
度数	5	16	13	9	13	10	9	10	7	5	2	1	0

2.5 表 2.4（p. 31）で与えられた新生児のデータについて，身長（cm）のヒストグラム，度数多角形や平均，分散を求めるなど，統計処理を行え．

2.6 例題 2.1（p. 21）の学生の通学時間のデータにおいて，粗データと度数データそれぞれに対して，平均値，中央値，最頻値；分散，標準偏差，範囲，四分位範囲を求めよ．

2.7 次のデータはある高校での試験の成績である．相関係数を計算せよ．

英語	83	80	48	68	70	45	72	28	51	32	42	38	52	80	52	78	32	60	54	49
国語	55	42	32	71	67	60	63	51	49	51	64	15	73	71	32	68	42	55	62	31

2.8 次のデータは 20 組の夫妻の年齢（歳）と身長（cm）である．
（1）夫妻の年齢の平均，分散，相関係数を求めよ．
（2）夫妻の身長の平均，分散，相関係数を求めよ．
（3）夫の年齢と身長の相関係数，妻の年齢と身長の相関係数を求めよ．また，これらの統計量の意味について検討せよ．

夫		妻		夫		妻	
年齢	身長	年齢	身長	年齢	身長	年齢	身長
49	180.9	43	159.0	47	175.8	43	163.0
40	165.9	30	162.0	38	172.9	35	157.0
52	177.9	57	154.0	29	168.3	29	160.0
58	161.6	52	142.0	59	158.5	55	155.0
32	169.5	27	166.0	26	168.4	25	154.0
43	173.0	52	161.0	50	167.4	45	164.0
47	174.0	43	158.0	49	172.4	44	164.0
31	168.5	23	161.0	42	163.0	40	163.0
26	173.5	25	159.0	27	170.0	25	158.0
40	171.3	39	161.0	57	161.0	52	151.0

2.9 次の相関表のデータについて,相関係数を求めよ.

x \ y	10	20	30	40	50
8	2	3	1		
12	2	4	1		
16		2	5	3	
20		1	2	3	1

2.10 世界の国の出生率(人口 1000 人当たりの出生数,2001)は次の通りであった.州別の差を各種統計を用いて検討せよ.資料は理科年表(丸善,2005)による.

アジア

 49.7 21.0 48.6 21.3 38.4 37.8 27.3 24.6 43.7 18.5 38.2 13.1 23.7
 35.0 33.2 12.7 18.6 18.1 15.6 18.3 21.8 21.6 9.5 39.6 29.4 25.5
 26.7 31.2 41.6 25.0 28.9 28.7 28.8 32.6 28.9 38.8 45.2 26.9

ヨーロッパ

 15.3 14.3 16.6 10.9 12.5 9.4 10.3 12.3 9.7 11.5 11.1 11.2 10.1
  9.0 11.0 9.4 8.8 12.8 9.6 13.6 9.9 11.5 12.6 7.4 11.4 14.8
 10.7 11.4 14.4 12.4 19.6 12.4 11.7 13.7 10.5

アフリカ

 30.8 50.8 50.8 29.7 48.9 43.0 40.3 27.0 35.4 40.5 43.3 50.6 42.4
 37.7 38.9 43.1 44.7 48.1 43.0 44.1 49.0 39.0 34.5 34.7 38.8 21.1
 43.5 43.0 50.2 43.2 43.5 39.2 25.6 44.5 45.4 37.5 52.5 47.7 45.8
 45.1 37.2 43.7 43.9 48.7 31.2 45.2 17.4 39.8 28.8 41.9 49.0 43.9
 36.9

北・中央アメリカ

 14.8 29.9 12.1 13.5 36.7 22.8 23.3 22.8 19.1 27.0 14.0 35.8 35.3
 25.0 20.7 13.3 34.2 37.1 27.0

南アメリカ

 18.9 17.8 28.2 28.3 26.0 22.7 18.4 34.1 21.6 22.3 25.2 35.7

オセアニア

 13.9 42.0 28.5 18.8 31.0 15.4 35.2 33.4 26.4

第3章
確率変数と確率分布

前章までは確率変数も確率分布も明確には示されていなかったが，この章ではこれらをきちんと定義し，確率をともなう変数についての意味と取り扱いについて学ぶ．

1 確率変数

試行結果はいろいろな数値として現れるため変数と考えてよい．どのような数値が現れるかは結果を見ないと事前にはわからないので不確定である．しかし，その変数が「ある値をとる，または，ある区間に属している確率がわかっている」という意味で，「**確率変数は確率を伴う変数**」と扱われる．確率変数はとる値の種類により**離散型** (discrete) と**連続型** (continuous) の2種類に分けられる．**離散型確率変数**は，とる値がトビトビである変数をいう．たとえば，サイコロをころがしたときに出る目の数，一日に起こる交通事故の件数などである．本来は結果が数値でないときでも，結果に数値を適当に対応させて離散型の変数と見なせる場合がある．コイン投げでオモテを1とし，ウラを0としたときがこれにあたる．試行の結果の数値が隙間なく並ぶ連続値をとるとき，確率変数は**連続型確率変数**であるという．たとえば，大気の温度，学生の身長などである．商店の売上金額とか国民経済での総生産高などのように，数値が大きい（桁が大きい）ものは連続型の確率変数と見なして扱われる．

X が離散型の確率変数のとき，X のとる値

$$x_1,\ x_2,\ \ldots,\ x_n,\ \ldots$$

に対して，事象 $\{X = x_i\}$ の確率 p_i が与えられる：

$$p_i = p(x_i) = P(X = x_i)$$

$p(x_i)$ を**確率関数** (probability function) といい，

$$p(x_i) \geq 0, \quad \sum_{i=1}^{\infty} p(x_i) = 1$$

を満たす．$p(x_i)$ は棒グラフであって，その高さ（縦座標）が確率を表す．

X が連続型確率変数のとき，ある区間 $a < X \leq b$ に属する X に対して，事象 $\{a < X \leq b\}$ の確率 $P(a < X \leq b)$ として与えられる．ただし，X のとる個々の値に対してはその確率はかぎりなく 0，すなわち $P(X = x) = 0$ と考える．したがって，区間の両端における $\leq$ の等号は有っても無くてもその確率は同じであることに注意せよ．

事象 $\{a < X \leq b\}$ の確率 $P(a < X \leq b)$ が

$$P(a < X \leq b) = \int_a^b f(x)\,dx$$

と表されるとき，関数 $f(x)$ を**密度関数** (density function) といい，

$$f(x) \geq 0, \quad \int_{-\infty}^{\infty} f(x)\,dx = 1$$

を満たす．関数 $f(x)$ のグラフの高さ（縦座標）は確率ではなく，確率を与える密度の値を表していることに注意せよ．

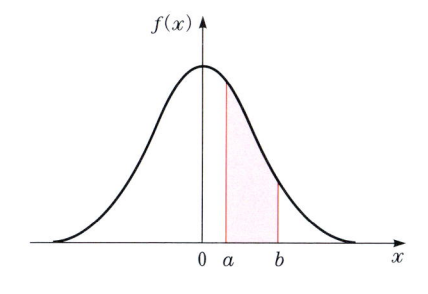

図 3.1 連続型確率変数の分布

確率変数において，とる値（または，とる値の属する区間）とその確率との対応を**確率分布**または単に**分布**という．

確率変数 X が x 以下の値をとるという事象 $\{X \leq x\}$ の確率は x の関数であり $F(x)$ と表すとき，$F(x)$ を**分布関数** (distribution function) という：

$$F(x) = P(X \leq x), \quad -\infty < x < \infty$$

分布関数は，次のような性質をもつ：

(1)　単調増加関数である：$x < y \implies F(x) \leq F(y)$
(2)　右側連続である：$\lim_{y \to x+0} F(y) = F(x)$
(3)　$0 \leq F(x) \leq 1, \ F(-\infty) = 0, \ F(\infty) = 1$

離散型の場合の分布関数は確率関数 $p(x)$ を使って表され，**階段関数**となる：

$$F(x) = \sum_{x_i \leq x} p(x_i).$$

連続型の場合で分布関数が密度関数 $f(x)$ を使って表されるとき，**密度型**といい，分布関数は滑らかな曲線となる（図 3.2）．分布関数 $F(x)$ を x で微分すると $f(x)$ を得る：

$$F(x) = \int_{-\infty}^{x} f(t)\,dt, \quad F'(x) = \frac{d}{dx} F(x) = f(x)$$

したがって，分布関数がわかっていれば確率計算ができるので，確率分布がわかることになる．

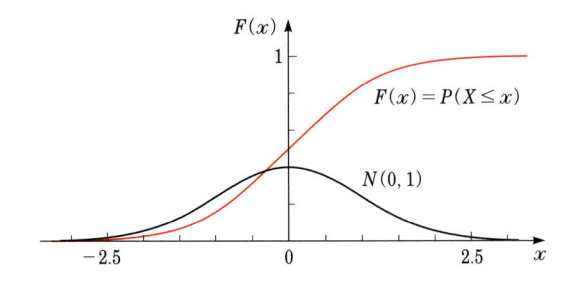

図 3.2　連続型確率分布と対応する分布関数

例題 3.1

もっとも簡単な確率変数は 2 値 $\{0, 1\}$ をそれぞれ確率 $p, 1-p$ でとる **2 値確率変数** (bivariate random variable) と呼ばれるもので，記号 ε で表す：

$$\varepsilon = \begin{cases} 1 & （確率 p で） \\ 0 & （確率 $1-p$ で） \end{cases}$$

ε の分布を**ベルヌーイ分布** (Bernoulli distribution)，または，(0–1) 分布といい，記号 $Ber(p)$ で表す．その確率関数と分布関数を図示せよ．

[解] 下の図 3.3 となる．

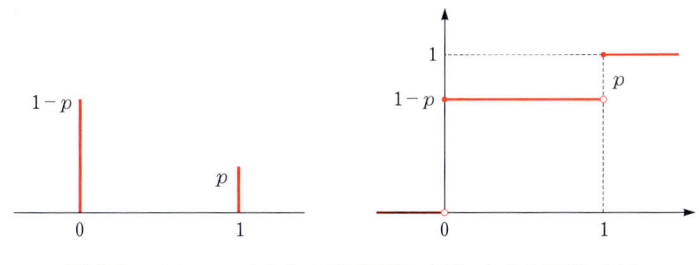

図 3.3 ベルヌーイ分布の確率関数（左）と分布関数（右）

成功と失敗やオモテとウラのように，実験の結果が主事象と余事象の 2 項目だけであるような確率的な試行のことを**ベルヌーイ試行** (Bernoulli trial) という．これらの現象を表す確率変数も 2 値確率変数とみなすことができる．

例題 3.2

サイコロを投げたとき，出る目の数を X で表せば，確率は

$$P(X = x) = \frac{1}{6}, \quad x = 1, 2, \ldots, 6$$

と表される．その確率関数と分布関数を図示せよ．

[解] 下の図 3.4 となる.

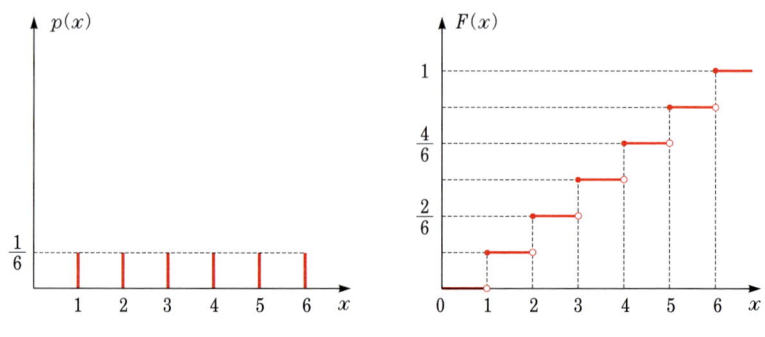

図 3.4 サイコロの出る目の数の確率関数（左）と分布関数（右）

例題 3.3

密度関数 $f(x)$ が，区間 $[\alpha, \beta]$ で与えられ，その値が一定であるような分布を**一様分布** (uniform distribution) といい，記号 $U(\alpha, \beta)$ で表す．

$$f(x) = \frac{1}{\beta - \alpha} \quad (\alpha \leq x \leq \beta)$$

で与えられる密度関数と，その分布関数のグラフを図示せよ．

[解] 下の図 3.5 となる.

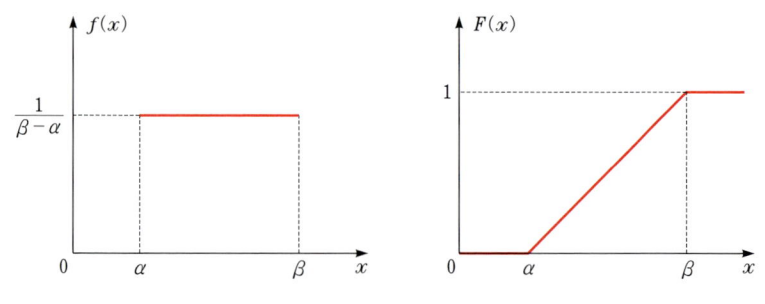

図 3.5 一様分布の密度関数（左）と分布関数（右）

2 平均と分散

確率変数 X の分布の特徴を数値によって表すことを考えよう．よく用いられるのが**平均**あるいは**期待値** (expectation) と呼ばれるものであり，X の期待値という意味で $E(X)$ と書く．記号としてギリシャ文字のミュー μ を用いることもある．離散型のときは，確率が $p_i = P(X = x_i)$ であれば

$$\mu = E(X) = \sum_{i=1}^{n} x_i p_i \quad \text{（離散型）}$$

で定義する．また，連続型のときは，密度関数が $f(x)$ であれば

$$\mu = E(X) = \int_{-\infty}^{\infty} x f(x)\,dx \quad \text{（密度型）}$$

で定義する．

期待値まわりにおける確率変数 X の散らばり具合を表す**分散**を $V(X)$ と書く．記号としてギリシャ文字のシグマの 2 乗 σ^2 を用いることもあり，

$$\sigma^2 = V(X) = E\{(X-\mu)^2\}$$

と定義される．したがって，期待値の式から，分散は次のように与えられる：

$$\sigma^2 = V(X) = \sum_{i=1}^{n}(x_i - \mu)^2 p_i \quad \text{（離散型）}$$

$$\sigma^2 = V(X) = \int_{-\infty}^{\infty}(x-\mu)^2 f(x)\,dx \quad \text{（密度型）}$$

分散の正の平方根を**標準偏差**という：

$$\sigma = \sqrt{V(X)}$$

標準偏差は確率変数 X と同じ測定単位をもっている．たとえば，X が身長 cm であるとき，分散の単位は cm^2 であるが，標準偏差は身長と同じ単位 cm である．

一般に，確率変数 X の関数 $H(X)$ の期待値は次のように与えられる：

$$E\{H(X)\} = \sum_{i=1}^{n} H(x_i) p_i \qquad （離散型）$$

$$E\{H(X)\} = \int_{-\infty}^{\infty} H(x) f(x) \, dx \qquad （密度型）$$

分散は $(X-\mu)^2 = H(X)$ としたときの $H(X)$ の期待値であるから，

$$\begin{aligned} V(X) &= \sum_{i=1}^{n}(x_i-\mu)^2 p_i = \sum_{i=1}^{n} x_i{}^2 p_i - 2\mu \sum_{i=1}^{n} x_i p_i + \mu^2 \sum_{i=1}^{n} p_i \\ &= E(X^2) - 2\mu \times \mu + \mu^2 = E(X^2) - \mu^2 = E(X^2) - \{E(X)\}^2 \end{aligned}$$

と変形できる．この結果を**分散公式**という：

$$V(X) = E(X^2) - \{E(X)\}^2$$

〔分散 = ${\color{red}2\text{乗平均} - \text{平均の}2\text{乗}}$〕

第 2 章（p. 22）で述べたデータに対する平均 $\bar{x}$ を**標本平均** (sample mean)，分散 s^2 を**標本分散** (sample variance) といい，上で述べた確率変数 X に対する平均 μ を**母平均** (population mean)，分散 σ^2 を**母分散** (population variance) といって，呼び分けることもあるので注意しよう．

1 次式で表される確率変数に対して，次の定理が成り立つ．

定理 3.1 確率変数が $a + bX$（a, b は定数）と表されるとき，
（1） $E(a + bX) = a + bE(X) = a + b\mu$
（2） $V(a + bX) = b^2 V(X) = b^2 \sigma^2$

[証明] 平均については，

離散型：$E(a + bX) = \sum_{i=1}^{n}(a + bx_i) p_i = a \sum_{i=1}^{n} p_i + b \sum_{i=1}^{n} x_i p_i = a + b\mu$

密度型：$\begin{aligned}[t] E(a + bX) &= \int_{-\infty}^{\infty}(a + bx) f(x) \, dx \\ &= a \int_{-\infty}^{\infty} f(x) \, dx + b \int_{-\infty}^{\infty} x f(x) \, dx = a + b\mu \end{aligned}$

分散については,

$$V(a+bX) = E[\{(a+bX) - E(a+bX)\}^2]$$
$$= E[\{(a+bX) - (a+b\mu)\}^2]$$
$$= E[\{b(X-\mu)\}^2] = b^2 E\{(X-\mu)^2\} = b^2 V(X) \quad \blacklozenge$$

確率変数 X に対して,平均 $\mu = E(X)$ を引き,標準偏差 $\sigma = \sqrt{V(X)}$ で割った1次変換を**標準化**または **z-変換**という:

$$Z = \frac{X - E(X)}{\sqrt{V(X)}} = \frac{X - \mu}{\sigma}$$

z-変換の平均は 0 で,分散は 1 であることに注意しよう (p. 28):

$$E(Z) = 0, \quad V(Z) = E(Z^2) = 1$$

例題 3.4

確率変数 ε がベルヌーイ分布 $Ber(p)$ (p. 43) に従うときの平均と分散は

$$E(\varepsilon) = p, \quad V(\varepsilon) = p(1-p)$$

であることを示せ.

[解]　ベルヌーイ分布は離散型であるから,平均は

$$E(\varepsilon) = 1 \times p + 0 \times (1-p) = p$$

$0^2 = 0$,$1^2 = 1$ であるから,$\varepsilon^2 = \varepsilon$ が成り立つ.分散公式 (p. 46) より

$$V(\varepsilon) = E(\varepsilon^2) - \{E(\varepsilon)\}^2 = E(\varepsilon) - \{E(\varepsilon)\}^2 = p - p^2 = p(1-p) \quad \blacklozenge$$

例題 3.5

X をサイコロの出る目の数とするとき,その平均と分散を求めよ.また,標準偏差はいくらか.

[解] サイコロの目の数 X は離散型であるから,平均は

$$\mu = E(X) = 1 \times \frac{1}{6} + 2 \times \frac{1}{6} + \cdots + 6 \times \frac{1}{6} = \frac{7}{2} = 3.5$$

次に,X の 2 乗平均は

$$E(X^2) = 1^2 \times \frac{1}{6} + 2^2 \times \frac{1}{6} + \cdots + 6^2 \times \frac{1}{6} = \frac{91}{6}$$

よって,分散公式(p. 46)から,分散は

$$\sigma^2 = V(X) = E(X^2) - \{E(X)\}^2 = \frac{91}{6} - \left(\frac{7}{2}\right)^2 = \frac{35}{12} = 2.917$$

したがって,標準偏差は

$$\sigma = \sqrt{V(X)} = 1.708$$

◆

例題 3.6

確率変数 X の確率が

$$P(X = x) = cx \quad (c \text{ は定数})$$

で与えられ,x は 1, 2, 3, 4 の値のみをとるものとする.

(1) c の値を求めよ.
(2) この確率変数 X の平均を求めよ.
(3) X の分散と標準偏差を求めよ.
(4) X の z-変換 Z はどのような確率変数か.

[**解**]（1）確率変数 X のとる各値に対する確率の和は 1 であるから，

$$1 = c \times 1 + c \times 2 + c \times 3 + c \times 4 = 10c$$

より，$c = \dfrac{1}{10}$ を得る．

（2）平均は

$$\mu = E(X) = 1 \times \frac{1}{10} + 2 \times \frac{2}{10} + 3 \times \frac{3}{10} + 4 \times \frac{4}{10} = \frac{30}{10} = 3$$

（3）X の 2 乗平均は

$$E(X^2) = 1^2 \times \frac{1}{10} + 2^2 \times \frac{2}{10} + 3^2 \times \frac{3}{10} + 4^2 \times \frac{4}{10} = \frac{100}{10} = 10$$

したがって，分散公式（p. 46）から，分散は

$$\sigma^2 = V(X) = E(X^2) - \{E(X)\}^2 = 10 - 3^2 = 1$$

よって，標準偏差は

$$\sigma = \sqrt{V(X)} = 1$$

（4）X の z-変換（p. 47）は

$$Z = \frac{X - \mu}{\sigma} = X - 3$$

である．したがって，Z は，$z = -2, -1, 0, 1$ において確率を

$$P(Z = z) = \frac{z + 3}{10}$$

のようにとる確率変数である． ◆

例題 3.7

確率変数 X が一様分布 $U(\alpha, \beta)$（p. 44）に従うとき，その平均と分散は

$$E(X) = \frac{\alpha + \beta}{2}, \quad V(X) = \frac{(\beta - \alpha)^2}{12}$$

であることを示せ．

[解] 一様分布は密度型であるから，X の平均と 2 乗平均は

$$E(X) = \int_\alpha^\beta x \cdot \frac{1}{\beta-\alpha} \, dx = \frac{1}{\beta-\alpha}\left[\frac{x^2}{2}\right]_\alpha^\beta$$

$$= \frac{1}{\beta-\alpha} \cdot \frac{\beta^2-\alpha^2}{2} = \frac{\alpha+\beta}{2}$$

$$E(X^2) = \int_\alpha^\beta x^2 \cdot \frac{1}{\beta-\alpha} \, dx = \frac{1}{\beta-\alpha}\left[\frac{x^3}{3}\right]_\alpha^\beta$$

$$= \frac{1}{\beta-\alpha} \cdot \frac{\beta^3-\alpha^3}{3} = \frac{\alpha^2+\alpha\beta+\beta^2}{3}$$

ゆえに，分散公式（p. 46）から，分散は

$$V(X) = E(X^2) - \{E(X)\}^2$$

$$= \frac{\alpha^2+\alpha\beta+\beta^2}{3} - \left(\frac{\alpha+\beta}{2}\right)^2 = \frac{(\beta-\alpha)^2}{12} \qquad \blacklozenge$$

3 離散型確率変数の分布

3.1 2 項分布 ベルヌーイ分布（p. 43）に従う，n 回の独立な**ベルヌーイ試行**の列を $\varepsilon_1, \ldots, \varepsilon_n$ とする．この列は 0 と 1 で構成された n 個の数の列（これを「長さ n の列」という）で表すことができる．それらの和

$$X = \varepsilon_1 + \varepsilon_2 + \cdots + \varepsilon_n$$

は確率変数であり，その数値は 1 の個数を表している．すなわち，n 回の独立なベルヌーイ試行において主事象（1 に対応する事象）の起こった回数と考えられる．列の 1 の個数が x，0 の個数が $n-x$ である事象が起こる確率は

$$p^x(1-p)^{n-x}, \quad ここで \quad p = P(\varepsilon=1)$$

であり，そのような列の総数は，長さ n の列で 1 が x 個である**組み合わせの数（2 項定理）**として与えられ，これを記号 ${}_nC_x$ で表す：

$$_nC_x = \frac{n!}{x!\,(n-x)!} = \frac{n(n-1)\cdots(n-x+1)}{x!}$$

ただし，$n!$ は n の**階乗**と呼ばれるもので，

$$n! = n(n-1)(n-2)\cdots 2\cdot 1, \quad 0! = 1$$

と定義される．ゆえに，確率変数 $X = x$ の確率関数 $p(x)$ は

$$p(x) = P(X = x) = {}_nC_x \, p^x (1-p)^{n-x}$$

である．確率関数が上の式で与えられる分布のことを **2 項分布** (binomial distribution) といい，記号 $B_N(n, p)$ で表す．

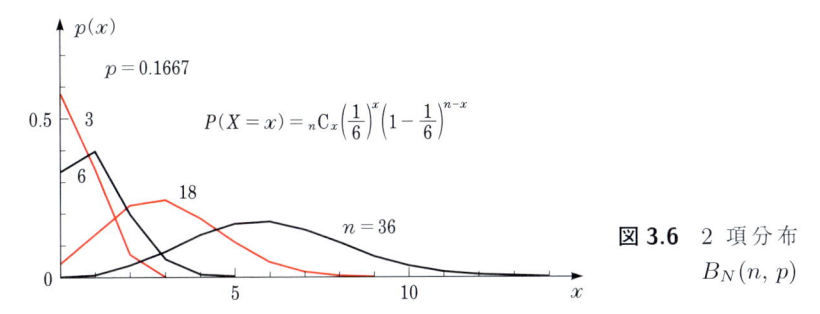

図 3.6　2 項分布 $B_N(n, p)$

2 項分布 $B_N(n, p)$ の平均と分散は

$$E(X) = np, \quad V(X) = np(1-p)$$

である．たとえば，長さが $n = 3$ で，1 の個数が $x = 2$ の列は

$$1, 1, 0; \quad 1, 0, 1; \quad 0, 1, 1$$

の 3 ($= {}_3C_2$) 個であり，各列が起こる確率はそれぞれ

$$p\cdot p\cdot (1-p); \quad p\cdot (1-p)\cdot p; \quad (1-p)\cdot p\cdot p \quad (\text{いずれも } p^2(1-p))$$

である．したがって，$X = 2$ である確率は

$$P(X = 2) = 3p^2(1-p)$$

例題 3.8

サイコロを 3 回投げて，6 の目が 2 回出る確率を求めよ．

[解] サイコロを投げて 6 の目が出たら $\varepsilon = 1$，そうでないとき $\varepsilon = 0$ とすれば，これは

$$P(\varepsilon = 1) = \frac{1}{6}, \quad P(\varepsilon = 0) = \frac{5}{6}$$

のベルヌーイ試行と考えることができる．サイコロを 3 回投げて 6 の目が出るか出ないかを 3 個の ε ($\varepsilon_1, \varepsilon_2, \varepsilon_3$) で表せば，6 の目が出る回数 X は

$$X = \varepsilon_1 + \varepsilon_2 + \varepsilon_3$$

で与えられる．したがって，X は **2 項分布** $B_N\left(3, \dfrac{1}{6}\right)$ に従う．ゆえに，6 の目が 2 回出る確率は

$$P(X = 2) = {}_3C_2 \left(\frac{1}{6}\right)^2 \left(1 - \frac{1}{6}\right)^1 = 3 \times \frac{5}{216} = 0.06944 \qquad \blacklozenge$$

3.2　ポアソン分布　1837 年にポアソン (Poisson S. D., 1781–1840) は 2 項分布の極限を考え，ポアソン分布と呼ばれる新しい分布を導いた．その後 1898 年に，ボルケビッチ (Bortkiewicz, L. von, 1868–1931) はこの分布が「稀現象の大量観測」の結果として解釈できることを示した．彼によれば，この分布は「プロシャ陸軍で 1 年間に馬に蹴られて死ぬ兵士の数」の分布にあてはまるという．

2 項分布 $B_N(n, p)$ において，「事象の起こる確率 p は小さい（稀現象）が，試行の回数 n は大きく（大量観測），平均 np は一定値 λ に収束する」ならば，すなわち，

$$p \to 0, \ n \to \infty, \quad np \to \lambda$$

とするとき，その極限分布を**ポアソン分布** (Poisson distribution) といい，記号 $Po(\lambda)$ で表す．ポアソン分布において主事象が起こった回数 X の確率関

数は
$$p(x) = P(X=x) = e^{-\lambda}\frac{\lambda^x}{x!}, \quad x = 0, 1, 2, \ldots$$

で与えられる．ここで，λ は**強度** (intensity) と呼ばれる．$e\,(=2.718\ldots)$ は**自然対数の底**として用いられる数で，ネピアの数とも呼ばれる．

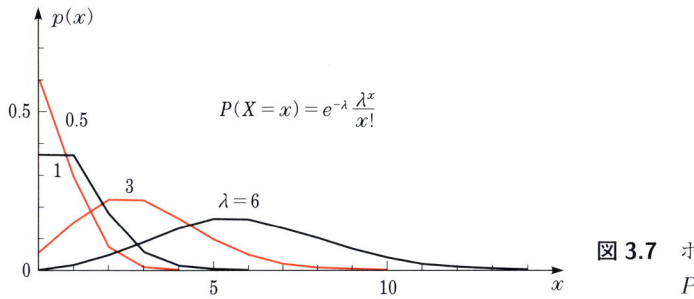

図 3.7 ポアソン分布 $Po(\lambda)$

2 項分布 $B_N(n,p)$ において，稀現象の大量観測：
$$p = \frac{\lambda + o(1)}{n}, \quad n \to \infty$$

のとき，実際に 2 項分布はポアソン分布 $Po(\lambda)$ に収束することを確率関数の収束によって示そう．ただし，$o(1)$ は，$n \to \infty$ のときに 0 になる数を意味する．
$$\left(1+\frac{1}{n}\right)^n \to e, \quad n \to \infty$$

であることから，

$$p_n(x) = {}_n\mathrm{C}_x\, p^x (1-p)^{n-x}$$
$$= \frac{n(n-1)\cdots(n-x+1)}{x!}\left(\frac{\lambda+o(1)}{n}\right)^x\left(1-\frac{\lambda+o(1)}{n}\right)^{n-x}$$
$$= 1\cdot\left(1-\frac{1}{n}\right)\cdots\left(1-\frac{x-1}{n}\right)\frac{\{\lambda+o(1)\}^x}{x!}\left\{\left(1-\frac{\lambda+o(1)}{n}\right)^n\right\}^{\frac{n-x}{n}}$$
$$\to \frac{\lambda^x}{x!}e^{-\lambda} = p(x), \quad n \to \infty$$

次に，2 項分布 $B_N(n, p)$ の平均 μ_n と分散 $\sigma_n{}^2$ は

$$\mu_n = np = \lambda + o(1) \to \lambda, \quad n \to \infty$$

$$\sigma_n{}^2 = np(1-p) = \{\lambda + o(1)\}\left(1 - \frac{\lambda + o(1)}{n}\right) \to \lambda, \quad n \to \infty$$

となり，ポアソン分布 $Po(\lambda)$ の平均と分散が**ともに λ** になることを示している．

ポアソン分布 $Po(\lambda)$ の平均と分散はともに λ に等しいということは，ポアソン分布の特徴である：

$$E(X) = V(X) = \lambda$$

4　連続型確率変数の分布

4.1　指数分布
確率変数 X が次の確率密度関数

$$f(x) = \lambda e^{-\lambda x}, \quad x > 0 \quad (\lambda > 0)$$

をもつとき，その分布を**指数分布**といい，記号 $E_X(\lambda)$ で表す．

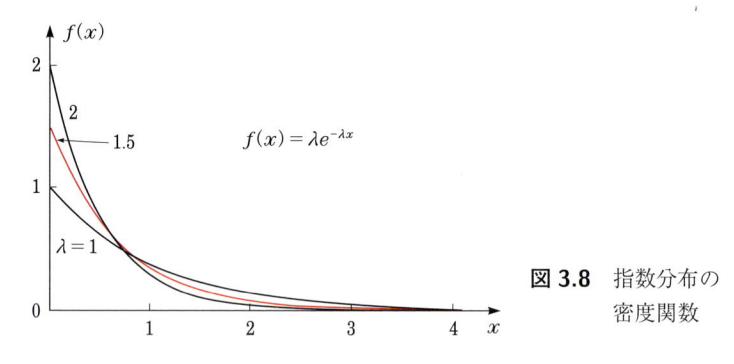

図 3.8　指数分布の密度関数

▶ **注意**　$e^{-\lambda x}$ は変数 x の関数になっている．このように，e の指数に変数が含まれるものを**指数関数**という．e^{ax} を $\exp(ax)$ とも書き表す．

例題 3.9

$f(x) = \lambda e^{-\lambda x}$ が密度関数であることを示し，指数分布 $E_X(\lambda)$ の平均と分散は次の式で与えられることを示せ．

$$E(X) = \frac{1}{\lambda}, \quad V(X) = \frac{1}{\lambda^2}$$

[解] X が指数分布 $E_X(\lambda)$ に従うとき，$f(x) = \lambda e^{-\lambda x}$ が密度関数の条件（p. 41）を満たしていることは

$$\int_0^\infty f(x)\,dx = \int_0^\infty \lambda e^{-\lambda x}\,dx = \left[-e^{-\lambda x}\right]_0^\infty = 1$$

より確かめられる．また，X の平均と 2 乗平均は，部分積分を用いて，

$$E(X) = \int_0^\infty x\lambda e^{-\lambda x}\,dx = \left[-xe^{-\lambda x}\right]_0^\infty + \int_0^\infty e^{-\lambda x}\,dx$$

$$= \frac{1}{\lambda}\int_0^\infty \lambda e^{-\lambda x}\,dx = \frac{1}{\lambda},$$

$$E(X^2) = \int_0^\infty x^2\lambda e^{-\lambda x}\,dx = \left[-x^2 e^{-\lambda x}\right]_0^\infty + \int_0^\infty 2xe^{-\lambda x}\,dx$$

$$= \frac{2}{\lambda}\int_0^\infty x\lambda e^{-\lambda x}\,dx = \frac{2}{\lambda}\cdot\frac{1}{\lambda} = \frac{2}{\lambda^2}.$$

ゆえに，分散公式（p. 46）から，

$$V(X) = E(X^2) - \{E(X)\}^2 = \frac{2}{\lambda^2} - \left(\frac{1}{\lambda}\right)^2 = \frac{1}{\lambda^2} \quad \blacklozenge$$

4.2 正規分布 2 項分布の図 3.6（p. 51）で，n が大きくなると平均と分散が大きくなって，分布は次第に右の方に移動し平らになるだけではなく，左右が対称の釣り鐘型になっていくように見える．このような事実から，正規分布は 2 項分布の近似と考えられていた．このことをドゥ・モアブル (de Moivre, A., 1667–1754) が 1773 年に証明している．しかし，正規分布の利用に関する多くの理論は，後に述べる「中心極限定理」（p. 93）に基づいている．ガウス

は 1816 年に"多数の独立な誤差の和の分布"として正規分布を導いた．この分布は，当初は天文学の研究に用いられたが，現在はあらゆる分野の研究に用いられている．身近な例としては，身長，体重，テストの得点などに正規分布があてはまると考えられている．

確率変数 X が，確率密度関数

$$f(x) = \frac{1}{\sqrt{2\pi}\,\sigma} \exp\left\{-\frac{(x-\mu)^2}{2\sigma^2}\right\}, \quad -\infty < x < \infty$$

をもつとき，**正規分布** (normal distribution) に従っているといい，記号 $N(\mu, \sigma^2)$ で表す（$-\infty < \mu < \infty,\ \sigma > 0$）．この分布の平均と分散は

$$E(X) = \mu, \quad V(X) = \sigma^2$$

である．密度関数の式からわかるように，正規分布は平均と分散によって決まる分布といえる．このとき，標準偏差は $\sqrt{V(X)} = \sigma$ である．

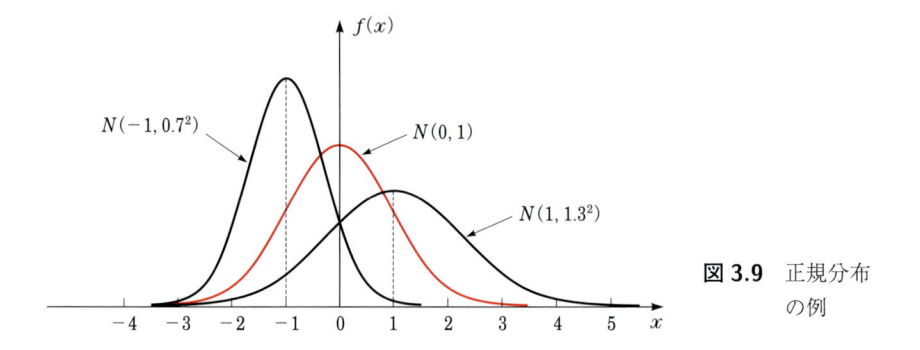

図 3.9 正規分布の例

特に，$\mu = 0$，$\sigma = 1$ である正規分布 $N(0, 1)$ を**標準正規分布** (standard normal distribution) といい，その密度関数を $\phi(z)$ で表す：

$$\phi(z) = \frac{1}{\sqrt{2\pi}} \exp\left(-\frac{z^2}{2}\right), \quad -\infty < z < \infty$$

x ではなく，z を使う理由は，次頁で述べる $N(\mu, \sigma^2)$ の z-変換にある．

4 連続型確率変数の分布

一般の正規分布 $N(\mu, \sigma^2)$ の密度関数 $f(x)$ は標準正規分布 $N(0, 1)$ の密度関数 ϕ を使って，

$$f(x) = \frac{1}{\sigma}\phi\left(\frac{x-\mu}{\sigma}\right)$$

と書き表すことができる．逆に，確率変数 X が正規分布 $N(\mu, \sigma^2)$ に従うとき，その z-変換 Z は標準正規分布 $N(0, 1)$ に従う：

$$X \sim N(\mu, \sigma^2) \Longleftarrow \boxed{X = \mu + \sigma Z, \quad Z = \frac{X - \mu}{\sigma}} \Longrightarrow Z \sim N(0, 1)$$

(枠内: z-変換)

ここで，記号 "$\sim$" は，左辺の確率変数が右辺の分布に従うという意味で用いる．

標準正規分布では，その分布関数を密度関数 $\phi(z)$ の大文字 $\Phi(z)$ で表す：

$$\Phi(z) = P(Z \leq z) = \int_{-\infty}^{z} \phi(x)\,dx$$

標準正規分布表（付表 1）では，$0 \leq Z \leq z$ における確率

$$I(z) = P(0 \leq Z \leq z) = \int_{0}^{z} \phi(x)\,dx = \int_{-\infty}^{z} \phi(x)\,dx - \int_{-\infty}^{0} \phi(x)\,dx$$
$$= \Phi(z) - 0.5$$

の具体的数値が詳しく与えられている．

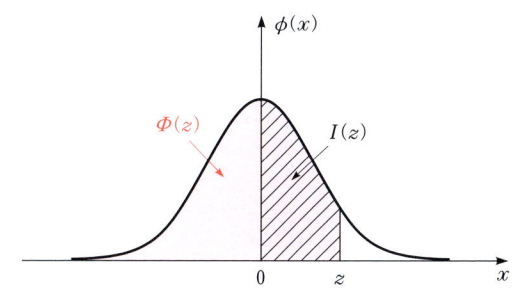

図 3.10 標準正規分布の密度関数と確率 $I(z)$

下の抜粋表を用いて表の見方を説明しよう．表側（区分を示す左側の列）に z の整数部分と小数第 1 位の値（例えば，1.6）を示し，表頭（区分を示す上段の行）に小数第 2 位の値（.04）を示している．両者の和が表す数値 z（$1.64 = 1.6 + .04$）までの区間 $[0, z]$ に対応する確率 $I(z)$ の値（.4495）が，「1.6 の行」と「.04 の列」が交わる位置に記入してある．

標準正規分布表（抜粋）

	.00	···	.04	.05	.06	···
1.0	.3413	···	.3508			···
1.6		···	.4495	.4505		···
1.9		···			.4750	···
2.0	.4772	···				···
3.0	.4987	···				···

例えば，標準正規分布表から，

$$P(0 \leq Z \leq 1) = 0.3413, \quad P(0 \leq Z \leq 2) = 0.4772$$

$$P(0 \leq Z \leq 3) = 0.4987$$

であることを読み取ることができる．これより，

$$P(|Z| \leq 1) = 2 \times P(0 \leq Z \leq 1) = 2 \times 0.3413 = 0.6826$$

$$P(|Z| \leq 2) = 0.9544, \quad P(|Z| \leq 3) = 0.9974$$

であることがわかる．

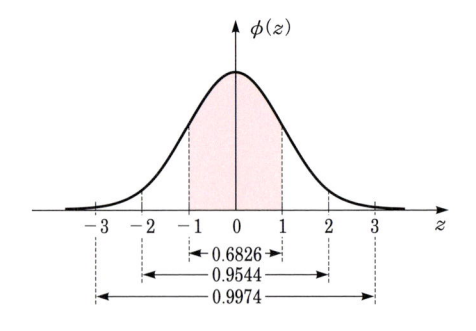

図 3.11 標準正規分布の確率

$|Z| \leq a$ とは逆に，$|Z| > a$ に対する確率を考えよう．図 3.11 からわかるように，両裾部分（の和）の確率である．応用では，両裾部分の確率 α が与えられて，そのときの Z の値 $z(\alpha)$ を求めることが多い．$z(\alpha)$ を**両側 α 確率点**（あるいは，**両側 100α% 点**）という．この関係を式で表せば

$$P(|Z| > z(\alpha)) = \alpha \ (= 1 - P(|Z| \leq z(\alpha)))$$

を意味する．例えば，標準正規分布表から，

$$P(|Z| \leq 1.96) = 2P(0 \leq Z \leq 1.96) = 2 \times 0.4750 = 0.95$$

$$\therefore \ P(|Z| > 1.96) = 1 - 0.95 = 0.05$$

と読み取ることができるので，両側 0.05 確率点（両側 5% 点ともいう）は $z(0.05) = 1.96$ であることがわかる．また，標準正規分布表に補間法（2 つの数の間の値を比例配分して求めること）を用いて，

$$P(|Z| \leq 1.645) = 2P(0 \leq Z \leq 1.645) = 2 \times 0.4500 = 0.90$$

$$\therefore \ P(|Z| > 1.645) = 1 - 0.90 = 0.10$$

であることから，両側 0.10 確率点（両側 10% 点）は $z(0.10) = 1.645$ である．

正規分布に従う確率変数の 1 次変換について次の定理が成り立つ．

定理 3.2 確率変数 X が正規分布 $N(\mu, \sigma^2)$ に従うとき，その 1 次変換 $Y = a + bX$（a, b は定数）も正規分布 $N(a + b\mu, b^2\sigma^2)$ に従う．

[証明] X を z-変換 $Z = \dfrac{X - \mu}{\sigma}$ した Z は標準正規分布 $N(0, 1)$ に従う．これを逆に見ると，$N(0, 1)$ に従う Z に $X = \mu + \sigma Z$ で表される 1 次変換を行うと，X は正規分布 $N(\mu, \sigma^2)$ に従うことになる．したがって，

$$Y = a + bX = (a + b\mu) + (b\sigma)Z$$

と書けるから，Y は正規分布 $N\{(a + b\mu), (b\sigma)^2\}$ に従うことがわかる． ◆

例題 3.10

X が正規分布 $N(-1, 2^2)$ に従うとき,
(1)　$P(X \leq 2.29)$ を求めよ.
(2)　$P(X > x) = 0.01$ であるような x の値を求めよ.

[解]　X が正規分布 $N(\mu, \sigma^2)$ に従うとき, z-変換 $Z = \dfrac{X - \mu}{\sigma}$ により, Z は標準正規分布 $N(0, 1)$ に従うから,

$$P(a < X \leq b) = P\left(\dfrac{a - \mu}{\sigma} < Z \leq \dfrac{b - \mu}{\sigma}\right)$$

の関係が成り立つ. すなわち, "$N(\mu, \sigma^2)$ に従う確率変数 X が区間 $(a, b]$ に属する確率は, $N(0, 1)$ に従う確率変数 Z が区間 $\left(\dfrac{a - \mu}{\sigma}, \dfrac{b - \mu}{\sigma}\right]$ に属する確率に等しい" ことがわかる. この事実を用いる.

(1)　$\mu = -1$, $\sigma = 2$ であるから z-変換 $Z = \dfrac{X + 1}{2}$ により,

$$P(X \leq 2.29) = P\left(\dfrac{X + 1}{2} \leq \dfrac{2.29 + 1}{2}\right) = P(Z \leq 1.645) = 0.95$$

(2)　z-変換することにより,

$$0.01 = P(X > x) = P\left(\dfrac{X + 1}{2} > \dfrac{x + 1}{2}\right) = P\left(Z > \dfrac{x + 1}{2}\right)$$

を得る. 標準正規分布表（付表 1）の値に補間法を適用すれば

$$\dfrac{x + 1}{2} = 2.326, \quad \therefore \ x = 3.652$$

◆

例題 3.11

大学 1 年生の統計学の試験（100 点満点）で, 上位 15% の学生に成績 [優] をつけようと思う. 何点以上とすればよいか. ただし, 試験の得点は, 平均 55 点, 標準偏差 15 点の正規分布 $N(55, 15^2)$ に従うものとする.

[解]　求める得点 x は，$0.15 = P(X > x)$ で与えられるから，

$$0.15 = P(X > x) = P\left(\frac{X-55}{15} > \frac{x-55}{15}\right) = P\left(Z > \frac{x-55}{15}\right)$$

を得る．標準正規分布表（付表 1）より，

$$\frac{x-55}{15} = 1.04, \quad \therefore \ x = 55 + 15 \times 1.04 = 70.6$$

ゆえに，71 点以上に優を与えればよい． ◆

例題 3.12

学力の偏差値（p. 28）は，テストの得点 X を正規分布 $N(50, 10^2)$ に従うように 1 次変換したものである．上の例題の統計学の試験の得点 X を偏差値 Y に変換する式を作れ．

[解]　X は正規分布 $N(55, 15^2)$ に従うから，z-変換は

$$Z = \frac{X-55}{15} \sim N(0, 1)$$

で与えられる．ゆえに，偏差値 Y は

$$Y = 50 + 10Z = 50 + 10 \times \frac{X-55}{15} = \frac{2X+40}{3}$$ ◆

演習問題 3

3.1 確率変数 X が一様分布 $U(0, 2)$ に従うとき，次の確率を求めよ．
（1）　$P(X > 0.5)$　　（2）　$P(X < 1.2)$　　（3）　$P(X > 1.5 \mid X > 0.5)$

3.2 1 の目が出るまでサイコロを振るとき，次の値を求めよ．
（1）　第 6 投目に初めて 1 の目が出る確率．
（2）　初めて 1 の目が出る確率が少なくとも $\frac{1}{2}$ であるために必要な試行の回数．

3.3 半径 R の円板内からランダムに点を選ぶ．X をこの選ばれた点と円板の中心との距離とする．

（１） X の分布関数と密度関数を求めよ．

（２） X の平均，分散を求めよ．

3.4 次の値を確率変数 X の平均 μ，分散 σ^2 を用いて表せ．

（１） $E\{X(X-1)\}$ 　　　　（２） $E\{X(X+5)\}$

3.5 確率変数 X の平均を μ，分散を σ^2 とするとき，$M(a) = E\{(X-a)^2\}$ を最小にする a の値は μ であり，その最小値は σ^2 であることを示せ．

3.6 X は正の整数値をとる確率変数であり，平均値が存在するとき，

$$E(X) = \sum_{x=1}^{\infty} P(X \geq x)$$

が成り立つことを示せ．

3.7 製薬会社が，ある病気にかかっている 20 人の患者に新しい薬を服用させた．もし，その薬が患者の各人を治す確率が 0.15 であり，ある患者に対する結果が他の患者に対する結果と独立ならば，20 人の患者のうち 3 人以上が治る確率はいくらか．

3.8 底辺の長さ l，高さ h の三角形の内部よりランダムに点を選ぶ．X をこの選ばれた点と底辺との距離を表すとする．

（１） X の分布関数と密度関数を求めよ．

（２） X の平均，分散を求めよ．

3.9 確率変数 X は分布関数

$$F(x) = \begin{cases} 0 & (x \leq 0) \\ \dfrac{x}{3} & (0 \leq x < 1) \\ \dfrac{x}{2} & (1 \leq x < 2) \\ 1 & (x \geq 2) \end{cases}$$

をもつとする．そのとき，次の確率を計算せよ．

（1） $P\left(\dfrac{1}{2} \leq X \leq \dfrac{3}{2}\right)$ （2） $P\left(\dfrac{1}{2} \leq X \leq 1\right)$ （3） $P\left(\dfrac{1}{2} \leq X < 1\right)$

（4） $P\left(1 \leq X \leq \dfrac{3}{2}\right)$ （5） $P(1 < X < 2)$

3.10 確率変数 X は分布関数

$$F(x) = \begin{cases} 0 & (x \leq 0) \\ \dfrac{x^2}{R^2} & (0 \leq x \leq R) \\ 1 & (x > R) \end{cases}$$

をもつとする．

（1） 密度関数 $f(x)$ を求めよ．また，その平均と分散を求めよ．

（2） $Y = X^2$ の密度関数を求めよ．Y は何分布に従うか．

3.11 標準偏差 σ を平均 μ で割ったものを**変動係数** (coefficient of variation) という．ポアソン分布で変動係数が 2 であるとき，その平均 μ を求めよ．

3.12 確率変数 X が正規分布 $N(\mu, \sigma^2)$ に従うとする．

（1） $\mu = 5$, $\sigma = 2$ のとき，$P(X \leq 7)$ を求めよ．

（2） $P(X \leq 6) = 0.9772$, $P(X \leq 4) = 0.8413$ であるとき，μ と σ の値を求めよ．

3.13 知能指数 IQ は正規分布 $N(100, 15^2)$ に従う．IQ が 150 以上の人は全体の何パーセントを占めるか．

3.14 料金徴収所での客の到着時間間隔 X（分）は指数分布に従い，平均の到着時間間隔は $\dfrac{1}{2}$ 分とする．

（1） X の確率密度関数を書け． （2） X の分布関数は $1 - e^{-2x}$ である．これを利用して，到着時間間隔が 0 と 1 の間にある確率を求めよ．

3.15 2 つの密度関数 $f_1(x)$, $f_2(x)$ はそれぞれ平均 μ_1, μ_2，分散 $\sigma_1{}^2, \sigma_2{}^2$ をもつとする．そのとき，

$$f(x) = \dfrac{1}{3} f_1(x) + \dfrac{2}{3} f_2(x)$$

もまた密度関数であることを示せ．この分布の平均と分散を求めよ．

第 4 章
多変量確率変数

2つのサイコロを投げたときの出た目 X, Y, または，新生児の身長と体重 X, Y のように，個々についても考えることができるが，2つの確率変数を組にした (X, Y) に対する統計量も考えることができる．そのような組 (X, Y) を **2変量確率変数**とか **2次元確率ベクトル**ということがある．さらに，教科の成績で英数国理社 $(X_1, X_2, X_3, X_4, X_5)$，または，1年間の各月の平均気温 $(X_1, X_2, \ldots, X_{12})$ のように，もっと変量が多い確率変数の組を考えることがあり，そのような組を**多変量確率変数**とか**多次元確率ベクトル**という．本書では2次元の場合を例にして説明するが，その結果は多次元に対してもそのまま拡張される．

確率ベクトルといっても，ここではベクトルの演算などを使うわけではなく，2つ以上の確率変数を組として同時に考えることを強調するためである．

1　2次元確率ベクトル

2変量確率変数 (X, Y) において新たな概念は確率変数 X と Y との独立性，従属性，相関性である．

1.1　同時分布と周辺分布　2次元確率ベクトルについても，離散型と連続型がある．

- 離散型：2つの離散型確率変数 X, Y について，それぞれは離散値

$$X = x_1, x_2, \ldots, x_r, \quad Y = y_1, y_2, \ldots, y_c$$

をとり，$X = x_i, Y = y_j$ であるときの確率 $P(X = x_i, Y = y_j)$ を

$$p_{ij} = p(x_i, y_j) = P(X = x_i, Y = y_j)$$

のように p_{ij} や $p(x_i, y_j)$ で表す．p_{ij} や $p(x_i, y_j)$ を 2 次元確率ベクトル (X, Y) の**同時分布** (joint distribution) の**同時確率関数**（あるいは単に**同時確率**）という．これまでのように，X と Y それぞれ単独の分布を**周辺分布** (marginal distribution) といい，周辺分布の確率関数を**周辺確率関数**（あるいは単に**周辺確率**）といい，次のように表す：

$$p_{i\bullet} = p_1(x_i) = P(X = x_i) = \sum_{j=1}^{c} p(x_i, y_j)$$

$$p_{\bullet j} = p_2(y_j) = P(Y = y_j) = \sum_{i=1}^{r} p(x_i, y_j)$$

確率関数を表にまとめたものを**確率分布表**という．確率分布表において，表中央には同時確率 p_{ij} が書かれており，表右側には X の周辺確率 $p_{i\bullet}$，表足には Y の周辺確率 $p_{\bullet j}$ が記入されている．

確率分布表

	y_1	y_2	$\cdots$	y_c	
x_1	p_{11}	p_{12}	$\cdots$	p_{1c}	$p_{1\bullet}$
x_2	p_{21}	p_{22}	$\cdots$	p_{2c}	$p_{2\bullet}$
$\vdots$	$\vdots$	$\vdots$		$\vdots$	
x_r	p_{r1}	p_{r2}	$\cdots$	p_{rc}	$p_{r\bullet}$
	$p_{\bullet 1}$	$p_{\bullet 2}$	$\cdots$	$p_{\bullet c}$	1

$$\sum_{i=1}^{r}\sum_{j=1}^{c} p_{ij} = 1$$

$$\sum_{i=1}^{r} p_{i\bullet} = 1$$

$$\sum_{j=1}^{c} p_{\bullet j} = 1$$

いま，確率変数が値をとることを事象 $A_i = \{X = x_i\}$，$B_j = \{Y = y_j\}$ が起きることに対応させれば，第 1 章 2 節で述べたような「事象の独立性・従属性・条件付き確率」がすべての $i = 1, \ldots, r;\ j = 1, \ldots, c$ で成り立つことに対応して，「確率変数 X, Y の独立性・従属性・条件付き分布」が次のように定義される．

同時確率関数が周辺確率関数の積：

$$p_{ij} = p(x_i, y_j) = p_1(x_i)p_2(y_j) = p_{i\bullet}p_{\bullet j}$$

で表されるとき，X と Y は**独立**であるという．独立でないとき**従属**であるという．X, Y が独立でないときには**条件付き分布** (conditional distribution) を考える．$Y = y_j$ を与えたときの $\boldsymbol{X}$ の**条件付き確率関数** $p_1(x_i \mid y_j)$ と，$X = x_i$ を与えたときの $\boldsymbol{Y}$ の**条件付き確率関数** $p_2(y_j \mid x_i)$ を，それぞれ次式で定義する：

$$p_1(x_i \mid y_j) = \frac{p(x_i, y_j)}{p_2(y_j)}, \quad p_2(y_j \mid x_i) = \frac{p(x_i, y_j)}{p_1(x_i)}$$

また，条件付き分布の平均 $E[X \mid Y = y_j]$, $E[Y \mid X = x_i]$ を**条件付き平均**といい，それぞれ次式で定義する：

$$E[X \mid Y = y_j] = \sum_{i=1}^{r} x_i \, p_1(x_i \mid y_j), \quad E[Y \mid X = x_i] = \sum_{j=1}^{c} y_j \, p_2(y_j \mid x_i)$$

- 連続型：X, Y がともに連続型の確率変数で，同時確率が

$$P(a < X \leq b, c < Y \leq d) = \int_a^b \int_c^d f(x, y) \, dx dy$$

と書けるとき，$f(x, y)$ を**同時密度関数**といい，X と Y それぞれの密度関数 $f_1(x), f_2(y)$ を**周辺密度関数**という：

$$f_1(x) = \int_{-\infty}^{\infty} f(x, y) \, dy, \quad f_2(y) = \int_{-\infty}^{\infty} f(x, y) \, dx$$

同時密度関数が周辺密度関数の積：

$$f(x, y) = f_1(x) f_2(y)$$

で表されるとき，X と Y は**独立**であるといい，独立でないとき**従属**であるという．X, Y が独立でないとき，$Y = y$ を与えたときの $\boldsymbol{X}$ の**条件付き密度関数** $f_1(x \mid y)$ と，$X = x$ を与えたときの $\boldsymbol{Y}$ の**条件付き密度関数** $f_2(y \mid x)$ を，それぞれ次式で定義する：

$$f_1(x \mid y) = \frac{f(x, y)}{f_2(y)}, \quad f_2(y \mid x) = \frac{f(x, y)}{f_1(x)}$$

同様に，**条件付き平均** $E[X \mid y]$, $E[Y \mid x]$ をそれぞれ次式で定義する：

$$E[X \mid y] = \int_{-\infty}^{\infty} x f_1(x \mid y) \, dx, \quad E[Y \mid x] = \int_{-\infty}^{\infty} y f_2(y \mid x) \, dy$$

1.2　共分散と相関係数　2 つの確率変数 X, Y の平均と分散がそれぞれ

$$E(X) = \mu_1, \quad V(X) = \sigma_1{}^2; \quad E(Y) = \mu_2, \quad V(Y) = \sigma_2{}^2$$

であるとする．X, Y に対する平均周りの相互項の積の平均を**共分散** (covariance) といい，$\mathrm{Cov}(X, Y)$ あるいは記号 σ_{12} で表す：

$$\sigma_{12} = \mathrm{Cov}(X, Y) = E\{(X - \mu_1)(Y - \mu_2)\}$$

$$= \begin{cases} \displaystyle\sum_{i=1}^{r} \sum_{j=1}^{c} (x_i - \mu_1)(y_j - \mu_2) p(x_i, y_j) & （離散型） \\ \displaystyle\int_{-\infty}^{\infty} \int_{-\infty}^{\infty} (x - \mu_1)(y - \mu_2) f(x, y) \, dxdy & （密度型） \end{cases}$$

さらに，X, Y の共分散をそれぞれの標準偏差で割った値を**相関係数** (correlation coefficient) といい，$\mathrm{Corr}(X, Y)$ あるいは記号 ρ で表す：

$$\rho = \mathrm{Corr}(X, Y) = \frac{\mathrm{Cov}(X, Y)}{\sqrt{V(X) V(Y)}} = \frac{\sigma_{12}}{\sigma_1 \sigma_2}$$

共分散についても，

$$\mathrm{Cov}(X, Y) = E\{(X - \mu_1)(Y - \mu_2)\}$$

$$= E(XY - \mu_1 Y - \mu_2 X + \mu_1 \mu_2)$$

$$= E(XY) - \mu_1 E(Y) - \mu_2 E(X) + \mu_1 \mu_2$$

$$= E(XY) - \mu_1 \mu_2$$

のように表すことができ，この関係式を**共分散公式**という：

$$\mathrm{Cov}(X, Y) = E(XY) - E(X) E(Y)$$

〔共分散　＝　積平均　－　平均の積〕

> **定理 4.1** 相関係数 ρ について次が成り立つ.
> （1） 相関係数の絶対値は 1 以下である：$|\rho| \leq 1$
> （2） X, Y が独立のとき，相関係数は 0 である：$\rho = 0$

[証明] （1） X, Y に対するそれぞれの z-変換（p. 47）は

$$Z_1 = \frac{X - \mu_1}{\sigma_1}, \quad Z_2 = \frac{Y - \mu_2}{\sigma_2}$$

となり，その平均と分散（z-変換では $V(Z) = E(Z^2)$）は，

$$E(Z_1) = E(Z_2) = 0, \quad E(Z_1{}^2) = E(Z_2{}^2) = 1$$

である．共分散公式から $\mathrm{Cov}(Z_1, Z_2) = E(Z_1 Z_2)$ となる．したがって，$\rho = E(Z_1 Z_2)$ であるから，

$$0 \leq E\{(Z_1 \pm Z_2)^2\} = E(Z_1{}^2) + E(Z_2{}^2) \pm 2E(Z_1 Z_2) = 2(1 \pm \rho)$$

すなわち，$0 \leq (1 \pm \rho)$ を得る．したがって，ρ のとる範囲は

$$1 - \rho \geq 0, \quad 1 + \rho \geq 0, \quad \therefore \ -1 \leq \rho \leq 1$$

（2） 離散型のときを証明する（連続型の場合も同様に証明できる）．X, Y が独立のとき，$p(x_i, y_j) = p_1(x_i) p_2(y_j)$ であるから，共分散は

$$\mathrm{Cov}(X, Y) = E\{(X - \mu_1)(Y - \mu_2)\}$$
$$= \sum_{i=1}^{r} \sum_{j=1}^{c} (x_i - \mu_1)(y_j - \mu_2) p_1(x_i) p_2(y_j)$$
$$= \sum_{i=1}^{r} (x_i - \mu_1) p_1(x_i) \sum_{j=1}^{c} (y_j - \mu_2) p_2(y_j)$$
$$= E\{(X - \mu_1)\} E\{(Y - \mu_2)\} = 0$$

ゆえに，共分散が 0 であるから，相関係数 ρ も 0 である． ◆

例題 4.1（3項分布）

全事象 S が 3 つの互いに素な事象 A, B, C に層別（p. 10）され，それぞれの確率は $P(A) = p$, $P(B) = q$, $P(C) = r = 1 - p - q$ とする：

$$S = A \cup B \cup C, \quad 1 = P(A) + P(B) + P(C) = p + q + r$$

S から標本を取り出し，A, B, C のどの層に属するかを調べる．この操作を同一条件の下で n 回繰り返すとき，A, B, C の各層に属する標本数が $X, Y, n - X - Y$ であったとする．そのとき，(X, Y) の同時確率関数は

$$p(x, y) = P(X = x, Y = y) = \frac{n!}{x!\, y!\, (n - x - y)!} p^x q^y (1 - p - q)^{n - x - y}$$

で与えられる．これを **3項分布** という（記号 ! は 51 ページ参照）．

（1）周辺分布は何か．

（2）$X = x$ を与えたときの，Y の条件付き分布と条件付き平均を求めよ．

（3）共分散と相関係数を求めよ．

［解］（1）いま，事象 A に着目するとき，全事象は A と A 以外に属する事象に分けられるから，2項分布（p. 51）に帰着する．したがって，X の周辺分布は 2 項分布 $B_N(n, p)$ に従うので，X の確率関数 $p_1(x)$ は

$$p_1(x) = \frac{n!}{x!\, (n - x)!} p^x (1 - p)^{n - x}$$

であり，その平均と分散は

$$E(X) = np, \quad V(X) = np(1 - p)$$

である．

同様に，Y の周辺分布は $B_N(n, q)$ に従うので，その平均と分散は

$$E(Y) = nq, \quad V(Y) = nq(1 - q)$$

である．

(2) $X = x$ を与えたときの，Y の条件付き分布の確率密度関数は

$$p_2(y \mid x) = \frac{p(x, y)}{p_1(x)} = \frac{\dfrac{n!}{x! \, y! \, (n-x-y)!} p^x q^y (1-p-q)^{n-x-y}}{\dfrac{n!}{x! \, (n-x)!} p^x (1-p)^{n-x}}$$

$$= \frac{(n-x)!}{y! \, (n-x-y)!} \left(\frac{q}{1-p}\right)^y \left(1 - \frac{q}{1-p}\right)^{n-x-y}$$

となる．ゆえに，条件付き分布と条件付き平均は次のように与えられる：

$$2 \text{項分布}: B_N\left(n-x, \frac{q}{1-p}\right), \quad E[Y \mid X = x] = (n-x)\frac{q}{1-p}$$

(3) (2) の結果を使えば，積 XY の平均は

$$E(XY) = \sum_{x=0}^{n} \sum_{y=0}^{n-x} xy \, p(x, y)$$

$$= \sum_{x=0}^{n} x \left\{\sum_{y=0}^{n-x} y \, p_2(y \mid x)\right\} p_1(x) = E\{X E[Y \mid X = x]\}$$

$$= E\left\{X(n-X)\frac{q}{1-p}\right\} = \frac{q}{1-p}[nE(X) - E(X^2)]$$

$$= \frac{q}{1-p}[n^2 p - \{np(1-p) + (np)^2\}] = n(n-1)pq$$

ゆえに，共分散公式 (p. 67) によって，

$$\text{Cov}(X, Y) = E(XY) - E(X)E(Y) = n(n-1)pq - (np)(nq) = -npq$$

したがって，相関係数は

$$\rho = \text{Corr}(X, Y) = \frac{-npq}{\sqrt{np(1-p)}\sqrt{nq(1-q)}} = -\sqrt{\frac{p}{1-p} \cdot \frac{q}{1-q}} \quad \blacklozenge$$

▶ 注意 和の $\sum_{x=0}^{n} \sum_{y=0}^{n-x}$ は次のように考える．n は一定であるから，$X = x$ の場合に y がとれる値は 0 から $n-x$ までである．一方，x は 0 から n までをとることができるので，全体の和は $\sum_{x=0}^{n} \left(\sum_{y=0}^{n-x}\right) = \sum_{x=0}^{n} \sum_{y=0}^{n-x}$ で与えられる．

1.3　1次結合の平均と分散　2つの確率変数 X, Y の平均と分散，および共分散をそれぞれ

$$E(X) = \mu_1,\ V(X) = \sigma_1{}^2;\quad E(Y) = \mu_2,\ V(Y) = \sigma_2{}^2;$$
$$\mathrm{Cov}(X, Y) = \sigma_{12}$$

で表すとき，次の定理が成り立つ．

定理 4.2　2つの確率変数 X, Y の1次結合 $a_1 X + a_2 Y$（a_1, a_2 は定数）に対する平均と分散は

（1）　$E(a_1 X + a_2 Y) = a_1 E(X) + a_2 E(Y)$
$$= a_1 \mu_1 + a_2 \mu_2$$

（2）　$V(a_1 X + a_2 Y) = a_1{}^2 V(X) + a_2{}^2 V(Y) + 2 a_1 a_2 \mathrm{Cov}(X, Y)$
$$= a_1{}^2 \sigma_1{}^2 + a_2{}^2 \sigma_2{}^2 + 2 a_1 a_2 \sigma_{12}$$

である．特に，X, Y が独立のとき，$\mathrm{Cov}(X, Y) = 0$ であるから（p. 68），

$$V(a_1 X + a_2 Y) = a_1{}^2 V(X) + a_2{}^2 V(Y)$$
$$= a_1{}^2 \sigma_1{}^2 + a_2{}^2 \sigma_2{}^2$$

[証明]　同時分布と周辺分布の関係から，(1) は直ちに示される．(2) については

$$V(a_1 X + a_2 Y)$$
$$= E\{((a_1 X + a_2 Y) - (a_1 \mu_1 + a_2 \mu_2))^2\}$$
$$= a_1{}^2 E\{(X - \mu_1)^2\} + a_2{}^2 E\{(Y - \mu_2)^2\}$$
$$\quad + 2 a_1 a_2 E\{(X - \mu_1)(Y - \mu_2)\}$$
$$= a_1{}^2 V(X) + a_2{}^2 V(Y) + 2 a_1 a_2 \mathrm{Cov}(X, Y)$$

例題 4.2

2つの確率変数 X, Y の平均と分散，および相関係数が

$$E(X) = E(Y) = \mu, \quad V(X) = V(Y) = \sigma^2, \quad \mathrm{Corr}(X, Y) = \rho$$

であるとする．$Z = X + Y$, $W = X - Y$ とおくとき，Z, W のそれぞれの平均と分散，および相関係数を求めよ．

[解] 定理4.2を用いる．平均は，

$$E(Z) = E(X) + E(Y) = 2\mu, \quad E(W) = E(X) - E(Y) = 0$$

分散は，X, Y の相関係数の定義（p. 67）より $\mathrm{Cov}(X, Y) = \sigma^2 \rho$ であるから，

$$V(Z) = V(X) + V(Y) + 2\,\mathrm{Cov}(X, Y) = 2\sigma^2 + 2\sigma^2\rho = 2\sigma^2(1 + \rho)$$

$$V(W) = V(X) + V(Y) - 2\,\mathrm{Cov}(X, Y) = 2\sigma^2 - 2\sigma^2\rho = 2\sigma^2(1 - \rho)$$

一方，Z, W の共分散 $\mathrm{Cov}(Z, W)$ は，共分散公式（p. 67）から，

$$\begin{aligned}\mathrm{Cov}(Z, W) &= E(ZW) - E(Z)E(W) \\ &= E(X^2 - Y^2) - 2\mu \times 0 = E(X^2) - E(Y^2) = 0\end{aligned}$$

ゆえに，相関係数 $\mathrm{Corr}(Z, W)$ は 0 である． ◆

1.4 2変量正規分布 2次元の連続型分布でもっともよく知られているのが，2次元正規分布である．2次元確率ベクトル (X, Y) の同時密度関数が

$$\begin{aligned}f(x, y) = &\frac{1}{2\pi\sigma_1\sigma_2\sqrt{1 - \rho^2}} \exp\Biggl[-\frac{1}{2(1 - \rho^2)} \\ &\times \left\{\left(\frac{x - \mu_1}{\sigma_1}\right)^2 - 2\rho\left(\frac{x - \mu_1}{\sigma_1}\right)\left(\frac{y - \mu_2}{\sigma_2}\right) + \left(\frac{y - \mu_2}{\sigma_2}\right)^2\right\}\Biggr]\end{aligned}$$

$$-\infty < x, y < \infty$$

で与えられる分布を **2 次元正規分布**という．ただし，X, Y の周辺分布はそれぞれ正規分布 $N(\mu_1, \sigma_1{}^2)$, $N(\mu_2, \sigma_2{}^2)$ に従い，それらの平均と分散は

$$E(X) = \mu_1,\ V(X) = \sigma_1{}^2; \quad E(Y) = \mu_2,\ V(Y) = \sigma_2{}^2$$

である．このとき，X, Y の共分散と相関係数は

$$\mathrm{Cov}(X, Y) = \sigma_{12} = \rho\sigma_1\sigma_2, \quad \mathrm{Corr}(X, Y) = \frac{\sigma_{12}}{\sigma_1\sigma_2} = \rho$$

である．2 次元正規分布では，独立であることと相関係数が 0 であることとは同値である：

$$X, Y\ が独立 \iff \rho = 0$$

正規分布の重要な性質として，「正規確率変数の和は再び正規分布に従う」という次の定理がある（正規分布の再生性）．

定理 4.3 独立な正規確率変数 X, Y の和 $Z = X + Y$ は再び正規分布に従う：

$$Z = X + Y \sim N(\mu_1 + \mu_2, \sigma_1{}^2 + \sigma_2{}^2)$$

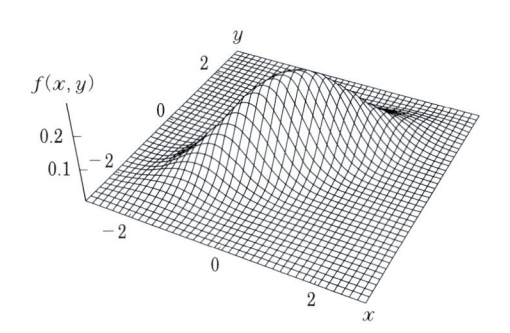

図 4.1 2 変量正規分布のグラフの例

2　多変量確率変数

これまでは，2 つの確率変数を取り扱ったが，n 個の確率変数 $X_1, \ldots, X_n$ について考えよう．

2変量確率変数の場合と同様に，$X_1, \ldots, X_n$ の同時分布がそれぞれの周辺分布の積で表されるとき，$X_1, \ldots, X_n$ は互いに**独立**であるという．独立でないとき，**従属**であるという．

ここでは，多変量確率変数の1次結合の平均と分散について取り上げる．

> **定理 4.4** n 個の確率変数 $X_1, \ldots, X_n$ の平均，分散，共分散が
>
> $$E(X_i) = \mu_i, \quad V(X_i) = \sigma_i{}^2, \quad \mathrm{Cov}(X_i, X_j) = \sigma_{ij}, \quad i, j = 1, \ldots, n$$
>
> であるとする．ただし，$\sigma_{ii} = \sigma_i{}^2$ である．
>
> このとき，定数 $a_1, \ldots, a_n$ に対して，1次結合
>
> $$\sum_{i=1}^{n} a_i X_i = a_1 X_1 + \cdots + a_n X_n$$
>
> の平均と分散は
>
> $$E\left(\sum_{i=1}^{n} a_i X_i\right) = \sum_{i=1}^{n} a_i E(X_i) = \sum_{i=1}^{n} a_i \mu_i$$
>
> $$V\left(\sum_{i=1}^{n} a_i X_i\right) = \sum_{i=1}^{n} \sum_{j=1}^{n} a_i a_j \,\mathrm{Cov}(X_i, X_j) = \sum_{i=1}^{n} \sum_{j=1}^{n} a_i a_j \sigma_{ij}$$
>
> とくに，$X_1, \ldots, X_n$ が独立のとき，$\sigma_{ij} = \mathrm{Cov}(X_i, X_j) = 0 \; (i \neq j)$ であるから (p. 68),
>
> $$V\left(\sum_{i=1}^{n} a_i X_i\right) = \sum_{i=1}^{n} a_i{}^2 V(X_i) = \sum_{i=1}^{n} a_i{}^2 \sigma_i{}^2$$

［証明］ 同時分布と周辺分布の関係から，

$$E\left(\sum_{i=1}^{n} a_i X_i\right) = \sum_{i=1}^{n} a_i E(X_i) = \sum_{i=1}^{n} a_i \mu_i$$

は直ちに示される．

また，分散については

$$V\left(\sum_{i=1}^{n} a_i X_i\right) = E\left\{\left(\sum_{i=1}^{n} a_i X_i - \sum_{i=1}^{n} a_i \mu_i\right)^2\right\}$$
$$= \sum_{i=1}^{n}\sum_{j=1}^{n} a_i a_j E\{(X_i - \mu_i)(X_j - \mu_j)\}$$
$$= \sum_{i=1}^{n}\sum_{j=1}^{n} a_i a_j \,\mathrm{Cov}(X_i, X_j) = \sum_{i=1}^{n}\sum_{j=1}^{n} a_i a_j \sigma_{ij}$$

上の定理 4.4 から直ちに次の定理を得る．

定理 4.5 $X_1, \ldots, X_n$ は**独立で同一分布に従う** (independent and identically distributed) (略して，(i.i.d.)) 確率変数とする．この分布は平均 μ，分散 σ^2 をもつとする．そのとき，和：

$$\sum_{i=1}^{n} X_i = X_1 + \cdots + X_n$$

の平均と分散は

$$E\left(\sum_{i=1}^{n} X_i\right) = n\mu, \quad V\left(\sum_{i=1}^{n} X_i\right) = n\sigma^2$$

である．

例題 4.3
サイコロを 3 回投げたときに出る目の数の組 (X_1, X_2, X_3) を標本と考えて，標本和の平均と分散を求めよ．

[解] サイコロを 1 回投げたときに出る目の数 X は

$$P(X = x) = \frac{1}{6}, \quad x = 1, 2, \ldots, 6$$

であり，母平均と母分散は

$$E(X) = \frac{7}{2}, \quad V(X) = \frac{35}{12}$$

となるから，次の結果を得る：

$$E(X_1 + X_2 + X_3) = E(X_1) + E(X_2) + E(X_3) = 3 \times \frac{7}{2} = \frac{21}{2}$$

$$V(X_1 + X_2 + X_3) = V(X_1) + V(X_2) + V(X_3) = 3 \times \frac{35}{12} = \frac{35}{4} \quad \blacklozenge$$

例題 4.4

（1） 2項分布 $B_N(n, p)$ の確率関数を

$$p_n(x) = {}_n\mathrm{C}_x\, p^x (1-p)^{n-x} = \frac{n!}{x!\,(n-x)!} p^x (1-p)^{n-x}$$

とおくとき，その和 $\sum_{x=0}^{n} p_n(x)$ が 1 であることを示せ．

（2） 2項分布 $B_N(n, p)$ の平均と分散は $E(X) = np$, $V(X) = np(1-p)$ であることを示せ．

[解] （1） 2項定理（p. 50）を用いると，

$$\sum_{x=0}^{n} p_n(x) = \sum_{x=0}^{n} {}_n\mathrm{C}_x\, p^x (1-p)^{n-x} = \{p + (1-p)\}^n = 1$$

（2） 2項分布に従う確率変数 X は n 個の独立なベルヌーイ試行 $\varepsilon_1, \varepsilon_2, \ldots, \varepsilon_n$ の和

$$X = \varepsilon_1 + \varepsilon_2 + \cdots + \varepsilon_n$$

として表現されるから，定理 4.2（p. 71）より，

$$E(X) = E(\varepsilon_1) + E(\varepsilon_2) + \cdots + E(\varepsilon_n) = np$$

$$V(X) = V(\varepsilon_1) + V(\varepsilon_2) + \cdots + V(\varepsilon_n) = np(1-p) \quad \blacklozenge$$

演習問題 4

4.1 確率変数 X, Y は独立で，それらの平均と分散は共通で，
$$E(X) = E(Y) = \mu, \quad V(X) = V(Y) = \sigma^2$$
とする．そのとき，次の問に答えよ．

（1）これらの確率変数の和を $Z = X + Y$，差を $W = X - Y$ とおくとき，平均 $E(Z)$, $E(W)$，分散 $V(Z)$, $V(W)$，共分散 $\mathrm{Cov}(Z, W)$ を求めよ．

（2）2つの確率変数 $S = aX + bY$, $T = cX + dY$ を考える．ただし，a, b, c, d は定数とする．S, T の平均，分散，共分散を求めよ．また，S, T の共分散が 0 となるための定数 a, b, c, d についての条件を求めよ．

4.2 確率変数 X, Y は独立で，それらの平均と分散は
$$E(X) = \mu_1, \quad E(Y) = \mu_2, \quad V(X) = \sigma_1{}^2, \quad V(Y) = \sigma_2{}^2$$
であるとする．ε はベルヌーイ分布 $Ber(p)$ に従う確率変数であり，X, Y とは独立であるとする．そのとき，確率変数 $Z = \varepsilon X + (1 - \varepsilon)Y$ の平均と分散を求めよ．

4.3 確率変数 X, Y は独立で一様分布 $U(0, 1)$ に従うとき，次の確率を求めよ．

（1）$P(|X - Y| \leq 0.5)$ （2）$P\left(\left|\dfrac{X}{Y} - 1\right| \leq 0.5\right)$

（3）$P(Y \geq X \mid Y \geq 0.5)$ （4）$P(Y \leq X \mid X \leq 0.5)$

4.4 確率変数 X, Y の同時密度関数は
$$f(x, y) = 8xy, \quad 0 \leq x \leq 1,\ 0 \leq y \leq x$$
であるとする．

（1）X, Y の周辺密度関数 $f_1(x), f_2(y)$ を求めよ．

（2）$X = x$ を与えたときの Y の条件付き密度関数 $f_2(y \mid x)$ を求めよ．

（3）X, Y の平均，分散および，X と Y の相関係数を求めよ．

4.5 2つの確率変数 X, Y の平均は 0 であり，それらの分散と共分散は

$$V(X) = 9, \quad V(Y) = 16, \quad \mathrm{Cov}(X, Y) = 8$$

であるとする．X, Y を比率 $w, 1-w$ $(0 < w < 1)$ で案分して得られる確率変数 $Z = wX + (1-w)Y$ の分散を求め，分散を最小にする比率 w を求めよ．

4.6 区間 $[0, 1]$ からランダムに 1 点 P をとり，その点の座標を X とする．次に，区間 $[X, 1]$ からランダムに 1 点 Q をとり，その点の座標を Y とする．そのとき，(X, Y) の同時分布を求めよ．また，それぞれの平均，分散，相関係数を求めよ．

4.7 確率変数 X, Y は独立でポアソン分布 $Po(\lambda), Po(\mu)$ に従うとする．
(1) 和 $X + Y$ はどのような分布に従うか．
(2) 正の整数 n に対して，$X + Y = n$ が与えられた条件の下で $X = r$ ($r = 0, 1, \ldots, n$) である確率 $P(X = r \mid X + Y = n)$ を求めよ．
(3) $X + Y = n$ が与えられた条件の下での X の条件付き分布はどのような分布か．そのときの条件付き平均，条件付き分散を求めよ．

4.8 ある合板は量産されていて，表板と裏板の 2 層から成っている．表板の厚さ X は平均 $0.4\,\mathrm{cm}$，標準偏差 $0.03\,\mathrm{cm}$ の正規分布に従い，裏板の厚さ Y は平均 $0.6\,\mathrm{cm}$，標準偏差 $0.04\,\mathrm{cm}$ の正規分布に従うとする．このとき，合板の厚さ $Z = X + Y$ はどのような分布に従うか．ただし，貼り合わす合板の表裏は独立とする．

4.9 確率変数 X が非負の整数値 x を確率 $p(1-p)^x$ $(0 < p < 1)$ でとるとき，幾何分布 $G(p)$ に従うという．次の問に答えよ．
(1) 正の整数 n に対して，確率 $P(X \geq n)$ を求めよ．
(2) Y は幾何分布 $G(q)$ に従う確率変数であり，X と独立とする．確率変数 $Z = \min\{X, Y\}$ に対して，確率 $P(Z \geq n)$ を計算せよ．また，Z はどのような分布に従うか．

第 5 章
母集団と標本

　母集団と標本を明確に区別して考えることが必要である．標本の特性値により母集団の特性値を推測するわけであるが，無作為標本から得られる統計量がまた確率変数となり，標本分布をもつ．本章では正規分布に従う母集団からの標本分布として，カイ2乗分布，ティー分布，エフ分布が導入される．これらの分布をもつ統計量は，第6章の推定あるいは第7章の検定で現れる．

1　標本抽出

　調査には，**全数調査**と**標本調査**の2つの種類がある．全数調査は調査の対象すべてについて，そのデータを調べるのであるが，多大の費用，大勢の調査員，長時間が必要であるという難点がある．破壊検査のように全数調査が本来できないものもある．これらの難点を逃れるのが標本調査であって，調査対象の一部についてのみそのデータを調べるという方法である．

　標本調査といえども，調査の結果は調査の対象すべてにおよぶものでなければならない．5年ごとに行われる国勢調査（総務省）は全数調査であるが，現在行われている多くの調査は標本調査である．たとえば，新聞社の実施する世論調査および大学，研究所で行われている調査や実験はほとんど標本調査である．以下では，標本調査について考えることにする．

　調査対象の全体を**母集団** (population) といい，母集団を構成する要素が有限個のとき**有限母集団**，無限個のとき**無限母集団**という．母集団から取り出した要素を**標本**（サンプル）(sample) といい，標本を母集団から取り出すことを**標本抽出** (sampling) という．標本とは取り出された個々の要素をさすことも

あるが，取り出されたすべての要素の組をさすこともある．標本抽出には次に示すようにいくつかの方法がある．

復元抽出 (sampling with replacement)
　取り出したものをもとに戻してから，次のものを取り出す．取り出される母集団は常に同じ状態にある．

非復元抽出 (sampling without replacement)
　取り出したものはもとに戻さないで，次のものを取り出す．取り出される母集団はだんだん小さくなる．

有意抽出法 (purposive selection)
　調査員が自己の経験や知識によって，母集団を最も良く代表するものと判断して選び出す．しかし，その判断には偏りが生じやすく，得られた結果により統計的推測を行うことはできない．

無作為抽出 (random sampling)
　正20面体の乱数サイ，乱数表，パソコンでの乱数発生などを用い，偶然性に基づいて取り出す．

　たとえば，クジ引きは一度引いたクジはもとに戻さないから，有限母集団での非復元で無作為抽出と考えられる．次に，サイコロを投げるというのは，1から6の目が同じ割合で含まれる無限母集団からの無作為抽出と考えられる．無限母集団のときは，復元か非復元かは問題にならない．

　標本から確率論に基づいて母集団の特性値（これを母数という）についての結論を求めることを**統計的推測** (statistical inference) という．この統計的推測ができないため，有意抽出法を本書では使用しないことにする．

　標本 $X_1, X_2, \ldots, X_n$ に対し，その関数

$$T = T(X_1, X_2, \ldots, X_n)$$

を**統計量** (statistic) という．気温や株価のような時系列データは独立でもなく同一分布に従ってもいない．一般に，データは i.i.d. (p. 75) ではない．し

かし，ここでは調査や測定において基本的な無作為標本について考える．

母数についての統計的推測を行うために，標本 $X_1, X_2, \ldots, X_n$ は独立で同一分布に従うものを考え，これを**無作為標本** (random sample) という．確率論でいうと，無作為標本 $X_1, X_2, \ldots, X_n$ とは n 個の独立で同一分布に従う確率変数のことである．標本数 n を**標本の大きさ** (sample size) という．統計量 T は新たな確率変数となり，その分布を**標本分布** (sample distribution) という．一般に，母数をギリシャ文字で，統計量を英文字で表すのが通例である．この抽出法では毎回の抽出において母集団は変わらないようにすることが必要であるために，母集団は無限母集団であるか，有限母集団ならば復元抽出をしなければならない．

例題 5.1

一様分布 $U(0, \theta)$ (p. 44) に従う母集団から無作為抽出して得られる標本 $X_1, \ldots, X_n$ の最大値

$$T = \max\{X_1, X_2, \ldots, X_n\}$$

も 1 つの統計量であるが，その分布はどうなるか．

[解] 一様分布 $U(0, \theta)$ の密度関数 $f(x)$ と分布関数 $F(x)$ は

$$f(x) = \frac{1}{\theta}, \quad 0 \leq x \leq \theta, \qquad F(x) = \int_0^x \frac{1}{\theta}\, dt = \frac{x}{\theta}$$

次に，T の分布関数 $G(t)$ は，各標本が独立であることを用いて，

$$\begin{aligned}
G(t) = P(T \leq t) &= P(X_1 \leq t,\ X_2 \leq t,\ \ldots,\ X_n \leq t) \\
&= P(X_1 \leq t) P(X_2 \leq t) \cdots P(X_n \leq t) = \{F(t)\}^n \\
&= \left(\frac{t}{\theta}\right)^n, \quad 0 \leq t \leq \theta
\end{aligned}$$

となる．また，T の密度関数 $g(t) = \dfrac{d}{dt}G(t)$ は次のようになる：

$$g(t) = n\frac{t^{n-1}}{\theta^n}, \quad 0 \leq t \leq \theta$$

◆

2 標本平均と標本分散

確率変数 X の分布の母平均を $\mu = E(X)$，母分散を $\sigma^2 = V(X)$ とする．無作為標本 $X_1, X_2, \ldots, X_n$ は独立で，X と同じ分布に従う n 個の確率変数である．統計量として，標本平均 $\bar{X}$ と標本分散 S^2 を考える：

$$\bar{X} = \frac{1}{n}\sum_{i=1}^{n}X_i, \quad S^2 = \frac{1}{n}\sum_{i=1}^{n}(X_i - \bar{X})^2$$

"母平均 μ，母分散 σ^2" と "標本平均 $\bar{X}$，標本分散 S^2" との間にはどんな関係があるだろうか，という疑問に答えるのが次の 2 つの定理である．

> **定理 5.1** 標本平均 $\bar{X}$ は母平均 μ の周りに分布し，標本平均の平均と分散は
> $$E(\bar{X}) = \mu, \quad V(\bar{X}) = \frac{\sigma^2}{n}$$
> である（n は標本数）．

[証明] 定理 4.5（p. 75）より，和

$$\sum_{i=1}^{n}X_i = X_1 + \cdots + X_n$$

の平均と分散は，標本が独立であることから，

$$E\left(\sum_{i=1}^{n}X_i\right) = n\mu, \quad V\left(\sum_{i=1}^{n}X_i\right) = n\sigma^2$$

である．一方，標本平均は $\bar{X} = \dfrac{1}{n}\sum_{i=1}^{n}X_i$ であるから，

$$E(\bar{X}) = \frac{1}{n}E\left(\sum_{i=1}^{n}X_i\right) = \mu, \quad V(\bar{X}) = \frac{1}{n^2}V\left(\sum_{i=1}^{n}X_i\right) = \frac{\sigma^2}{n}$$

となる.

定理 5.2（標本平均と標本分散の関係式） 次の関係式が成り立つ：

$$\frac{1}{n}\sum_{i=1}^{n}(X_i - \mu)^2 = S^2 + (\bar{X} - \mu)^2$$

上の式は，標本の母平均 μ 周りの 2 乗平均が，「標本分散 S^2」と「標本平均 $\bar{X}$ と μ の差の 2 乗」との和に分解されることを表している．

［証明］ 定理 2.1 より（p. 26），偏差の和は

$$\sum_{i=1}^{n}(X_i - \bar{X}) = 0$$

であるから，一般に，標本の a 周り（a は標本値と同じ単位をもつある値）の 2 乗平均は

$$\frac{1}{n}\sum_{i=1}^{n}(X_i - a)^2$$

$$= \frac{1}{n}\sum_{i=1}^{n}\{(X_i - \bar{X}) + (\bar{X} - a)\}^2$$

$$= \frac{1}{n}\sum_{i=1}^{n}(X_i - \bar{X})^2 + \frac{2}{n}(\bar{X} - a)\sum_{i=1}^{n}(X_i - \bar{X}) + (\bar{X} - a)^2$$

$$= \frac{1}{n}\sum_{i=1}^{n}(X_i - \bar{X})^2 + (\bar{X} - a)^2 = S^2 + (\bar{X} - a)^2$$

と表される．ここで，a を母平均 μ とすれば，定理が示される．

▶ **参考** 上に述べた，標本の a 周りの 2 乗平均を与える式において $a = 0$ とすれば，

$$\frac{1}{n}\sum_{i=1}^{n}X_i^2 = \frac{1}{n}\sum_{i=1}^{n}(X_i - \bar{X})^2 + \bar{X}^2 = S^2 + \bar{X}^2$$

となり，定理 2.1（p. 26）で述べた標本の分散公式が導かれる：

$$S^2 = \frac{1}{n}\sum_{i=1}^{n}X_i^2 - \bar{X}^2$$

定理 5.3 標本分散 S^2 を確率変数と考えるとき,その平均は

$$E(S^2) = \frac{n-1}{n}\sigma^2 \ (<\sigma^2)$$

である.したがって,統計量

$$U^2 = \frac{1}{n-1}\sum_{i=1}^{n}(X_i - \bar{X})^2 = \frac{n}{n-1}S^2$$

を考えるとき,上の式から

$$E(U^2) = \frac{n}{n-1}E(S^2) = \sigma^2$$

が得られる.したがって,U^2 の平均は母分散 σ^2 に一致している.この意味で U^2 を**不偏標本分散** (unbiased sample variance),または単に,**不偏分散** (unbiased variance) という.

[証明] 標本平均と標本分散の関係式(定理 5.2,p. 83):

$$\frac{1}{n}\sum_{i=1}^{n}(X_i - \mu)^2 = S^2 + (\bar{X} - \mu)^2$$

の辺々の平均をとれば,定理 4.2(p. 71)によって

$$\frac{1}{n}\sum_{i=1}^{n}E\{(X_i - \mu)^2\} = E(S^2) + E\{(\bar{X} - \mu)^2\}$$

となる.$E\{(X_i - \mu)^2\} = V(X_i)$,$E\{(\bar{X} - \mu)^2\} = V(\bar{X})$ であるから,

$$E(S^2) = \frac{1}{n}\sum_{i=1}^{n}V(X_i) - V(\bar{X}) = \sigma^2 - \frac{\sigma^2}{n} = \frac{n-1}{n}\sigma^2 \qquad \blacklozenge$$

上の定理は,標本分散 S^2 の平均が母分散 σ^2 に一致せず,少し小さめになることを意味している.この不都合を是正するために,「平均が母分散 σ^2 に一致する」不偏分散 U^2 を考えるのである.

次節以降では，正規分布に従う標本の標本平均や標本分散に対する分布について，もっと詳細な議論を行う．さらに，一般の分布に従う標本に対して，標本数 n が大きいときに「大数の法則」と「中心極限定理」(p. 92, 93) を使い，標本平均の近似的な性質を論じる．

3 正規分布から導かれる標本分布

母集団が正規分布に従うとき，その無作為標本 $X_1, \ldots, X_n$ の標本平均 $\bar{X}$ と標本分散 S^2 の分布について詳しく検討し，カイ2乗分布，ティー分布，エフ分布というよく知られた分布が導かれることを示そう．

定理 5.4 正規分布 $N(\mu, \sigma^2)$ に従う n 個の無作為標本 $X_1, \ldots, X_n$ の標本平均 $\bar{X}$ は正規分布 $N\left(\mu, \dfrac{\sigma^2}{n}\right)$ に従う．したがって，その z-変換 Z は標準正規分布 $N(0, 1)$ に従う：

$$\bar{X} \sim N\left(\mu, \frac{\sigma^2}{n}\right) \iff Z = \frac{\sqrt{n}\,(\bar{X} - \mu)}{\sigma} \sim N(0, 1)$$

[証明] 定理 4.3（p. 73）により，正規確率変数の和が再び正規分布に従うことから，和 $\sum_{i=1}^{n} X_i$ は正規分布に従うことがわかる（正規分布は平均と分散で決まる，p. 56）．一方，和の平均と分散はそれぞれ $n\mu$, $n\sigma^2$ となるから，

$$\sum_{i=1}^{n} X_i \sim N(n\mu, n\sigma^2), \quad \therefore\ \bar{X} \sim N\left(\mu, \frac{\sigma^2}{n}\right)$$

となる．z-変換はその定義式（p. 57）より明らかである．

3.1 カイ 2 乗分布 標準正規分布 $N(0, 1)$ に従う ν 個の無作為標本 $Z_1, \ldots, Z_\nu$ の 2 乗和

$$X = \sum_{i=1}^{\nu} Z_i^{\,2}$$

は**自由度** (degree of freedom; d.f.) ν の**カイ 2 乗分布** (chi-square distribution) と呼ばれる分布に従うことが知られており，この分布を記号 χ^2_ν で表す．

自由度 ν のカイ 2 乗分布に従う確率変数 X の平均と分散は

$$E(X) = \nu, \quad V(X) = 2\nu$$

である．ここで，ν（ギリシャ文字のニュー）は正の整数を表す．

▶ **参考** 自由度 ν のカイ 2 乗分布に従う確率変数 X の確率密度関数は

$$f(x) = \frac{1}{\Gamma\left(\frac{\nu}{2}\right) 2^{\frac{\nu}{2}}} x^{\frac{\nu}{2}-1} e^{-\frac{1}{2}x}, \quad x > 0$$

で与えられることが知られている．ただし，

$$\Gamma(s) = \int_0^\infty x^{s-1} e^{-x} \, dx \quad (s > 0)$$

であり，これを**ガンマ関数** (gamma function) とよぶ．ガンマ関数は次の性質をもつ：

（1） $\Gamma(1) = 1, \quad \Gamma\left(\frac{1}{2}\right) = \sqrt{\pi}$

（2） $\Gamma(s+1) = s\Gamma(s)$

（3） 正の整数 n に対して，$\Gamma(n) = (n-1)! = (n-1)(n-2)\cdots 1$

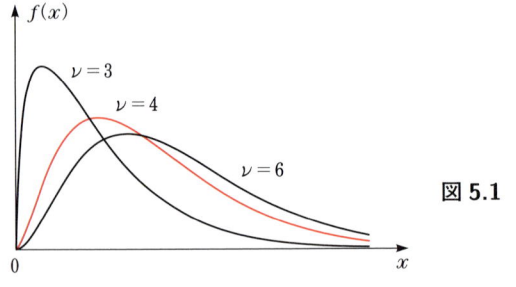

図 5.1 自由度 $\nu = 3, 4, 6$ のカイ 2 乗分布の密度関数 $f(x)$

カイ 2 乗分布表（付表 3）では，表側(ひょうそく)に自由度 ν をとり，表頭(ひょうとう)に確率 α をとる．自由度 ν の水平行と確率 α の垂直列が交わるところにある数値が自由

度 ν の**カイ2乗値** $\chi^2{}_\nu(\alpha)$ であり,

$$P\{X \geq \chi^2{}_\nu(\alpha)\} = \alpha$$

を意味する.すなわち,自由度 ν のカイ2乗分布に従う確率変数 X が $\chi^2{}_\nu(\alpha)$ 以上 $(X \geq \chi^2{}_\nu(\alpha))$ をとるとき,その確率 P が α になるという意味で,$\chi^2{}_\nu(\alpha)$ をカイ2乗分布の**上側 α 点**または,**上側 $100\alpha\%$ 点**という.

例題 5.2

自由度が 10 のカイ2乗分布に従う確率変数 X がある値を超える確率が 5% であるようにするには,その値をいくらにすればよいか.

[解] $\nu = 10$, $\alpha = 0.05$ として上側 5% 点 $\chi^2{}_{10}(0.05)$ をカイ2乗分布表 (付表 3) より求めればよい.すなわち,$\chi^2{}_{10}(0.05) = 18.307$ を得る. ◆

定理 5.5 母集団が正規分布 $N(\mu, \sigma^2)$ に従うとき,これから得られた無作為標本 $X_1, \ldots, X_n$ の標本平均を $\bar{X}$ とすると

$$Y = \frac{1}{\sigma^2} \sum_{i=1}^{n} (X_i - \bar{X})^2 = \frac{nS^2}{\sigma^2}$$

は自由度 $\nu = n - 1$ のカイ2乗分布に従う.

[証明] 定理 5.2 (p. 83) において X_i の z-変換 $Z_i = \dfrac{X_i - \mu}{\sigma}$,$\bar{X}$ の z-変換 $Z = \dfrac{\bar{X} - \mu}{\sigma/\sqrt{n}}$ を考えるとき,

$$X = \sum_{i=1}^{n} Z_i{}^2 = \frac{1}{\sigma^2} \sum_{i=1}^{n} (X_i - \mu)^2$$
$$= \frac{n}{\sigma^2} \{S^2 + (\bar{X} - \mu)^2\} = Y + Z^2$$

と書ける.X は自由度 n のカイ2乗分布に従い,定理 5.4 (p. 85) より Z^2 は自由度 1 のカイ2乗分布に従う.このことから,Y が自由度 $\nu = n - 1$ のカイ2乗分布に従い,Z と独立であることが導かれる. ◆

3.2 ティー分布　確率変数 X が標準正規分布 $N(0, 1)$ に従い，Y が自由度 ν のカイ2乗分布に従うとする．このとき，X, Y が独立ならば

$$T = \frac{X}{\sqrt{\dfrac{Y}{\nu}}}$$

は自由度 ν の**ティー分布** (t-distribution) と呼ばれる分布に従うことが知られており，この分布を記号 t_ν で表す．ティー分布は t-変換（p. 90）を考えるときに現れる．

▶ **参考**　自由度 ν のティー分布に従う確率変数 T の確率密度関数は

$$f(t) = \frac{\Gamma\left(\dfrac{\nu+1}{2}\right)}{\sqrt{\nu\pi}\,\Gamma\left(\dfrac{\nu}{2}\right)}\left(1+\frac{t^2}{\nu}\right)^{-\frac{\nu+1}{2}}, \quad -\infty < t < \infty$$

で与えられることが知られている．

確率変数 T の平均と分散は

$$E(T) = 0 \quad (\nu \geq 2), \quad V(T) = \frac{\nu}{\nu-2} \quad (\nu \geq 3)$$

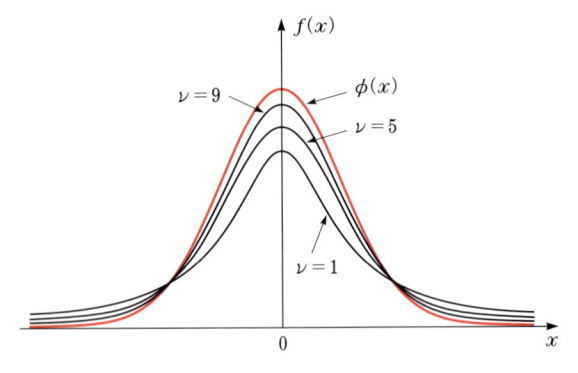

図 5.2　自由度 $\nu = 1, 5, 9$ のティー分布の密度関数 $f(x)$ と標準正規分布の密度関数 $\phi(x)$

ティー分布は左右対称で，正規分布によく似ているが，両裾が正規分布より長くなっている．自由度が大きいとき，ティー分布は標準正規分布（p. 56）で近似できる．ティー分布表（付表 2）では，表側にある自由度 ν の水平行と表頭にある確率 α の垂直列が交わるところにある数値が自由度 ν の**ティー値**：

$$P\{|T| \geq t_\nu(\alpha)\} = \alpha$$

であり，$t_\nu(\alpha)$ をティー分布の**両側 α 点**または，**両側 $100\alpha\%$ 点**という．

例題 5.3

自由度が 20 のティー分布に従う確率変数 T の絶対値が，ある値を超える確率が 5% であるようにするには，その値をいくらにすればよいか．

[解] $\nu = 20$，$\alpha = 0.05$ として，ティー分布の両側 5% 点 $t_{20}(0.05)$ をティー分布表（付表 2）より求めれば，$t_{20}(0.05) = 2.086$ を得る．◆

定理 5.6 正規分布 $N(\mu, \sigma^2)$ に従う無作為標本 $X_1, X_2, \ldots, X_n$（標本平均 $\bar{X}$，不偏分散 U^2）によって与えられる統計量：

$$T = \frac{\sqrt{n}\,(\bar{X} - \mu)}{U}$$

は自由度 $n-1$ のティー分布に従う．

[証明] 定理 5.3（p. 84）に，定理 5.4（p. 85）と定理 5.5（p. 87）を用いると

$$T = \frac{\sqrt{n}\,(\bar{X} - \mu)/\sigma}{\sqrt{\dfrac{nS^2}{\sigma^2}\Big/(n-1)}} = \frac{Z}{\sqrt{\dfrac{Y}{\nu}}}, \quad \nu = n-1$$

と書ける．Z と Y は独立で，$Z \sim N(0, 1)$，$Y \sim \chi^2_\nu$ であることから，T は自由度 $\nu = n-1$ のティー分布に従うことが示される．◆

標本平均 $\bar{X}$ の z-変換において，母分散 σ^2 の代わりに，その推定量（不偏標本分散）U^2 で置き換えた変換が定理 5.6 の統計量 T であり，これを **t-変換** という：

$$z\text{-変換}: Z = \frac{\sqrt{n}\,(\bar{X}-\mu)}{\sigma}$$

$$t\text{-変換}: T = \frac{\sqrt{n}\,(\bar{X}-\mu)}{U}$$

3.3　エフ分布　確率変数 X, Y が独立で，それぞれ自由度 ν_1, ν_2 のカイ 2 乗分布に従うとき，

$$F = \frac{X/\nu_1}{Y/\nu_2}$$

は自由度 (ν_1, ν_2) の**エフ分布** (F-distribution) と呼ばれる分布に従うことが知られており，この分布を記号 $F^{\nu_1}_{\nu_2}$ で表す．エフ分布は，母分散の比について考えるときなどに現れる．

▶ **参考**　自由度 (ν_1, ν_2) のエフ分布に従う確率変数 X の確率密度関数は

$$f(x) = \frac{\Gamma\left(\frac{\nu_1+\nu_2}{2}\right)}{\Gamma\left(\frac{\nu_1}{2}\right)\Gamma\left(\frac{\nu_2}{2}\right)}\left(\frac{\nu_1}{\nu_2}\right)^{\frac{\nu_1}{2}} x^{\frac{\nu_1-2}{2}}\left(1+\frac{\nu_1}{\nu_2}x\right)^{-\frac{\nu_1+\nu_2}{2}}, \quad x > 0$$

で与えられることが知られている．

エフ分布の平均と分散は

$$E(F) = \frac{\nu_2}{\nu_2-2} \quad (\nu_2 \geq 3)$$

$$V(F) = \frac{2\nu_2^2(\nu_1+\nu_2-2)}{\nu_1(\nu_2-2)^2(\nu_2-4)} \quad (\nu_2 \geq 5)$$

である．

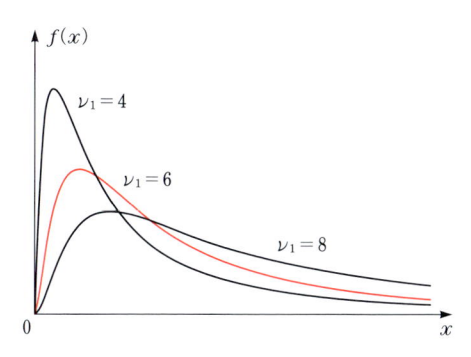

図 5.3 自由度 $(\nu_1, 2)$ $(\nu_1 = 4, 6, 8)$ のエフ分布の密度関数 $f(x)$

4 大数の法則と中心極限定理

この節では，$X_1, X_2, \ldots, X_n$ が独立で同一分布に従う n 個の確率変数であり，その分布は平均 μ，分散 σ^2 をもつとする．標本数 n が大きくなるとき，標本平均

$$\bar{X}_n = \frac{1}{n}(X_1 + X_2 + \cdots + X_n)$$

が従う分布の性質について調べる．

まず，確率に関する不等式について考える．

定理 5.7（チェビシェフの不等式） 確率変数 X が平均 μ，分散 σ^2 をもつとき，任意の $\varepsilon > 0$ に対して，次の不等式が成り立つ：

$$P(|X - \mu| > \varepsilon) \leq \frac{\sigma^2}{\varepsilon^2}$$

これを**チェビシェフの不等式**という．

[証明] X が密度関数をもつ場合に証明する（離散型のときも同様に証明される）．

$$\sigma^2 = E\{(X-\mu)^2\} = \int_{-\infty}^{\infty} (x-\mu)^2 f(x)\,dx$$

$$\geq \int_{\{|x-\mu|>\varepsilon\}} (x-\mu)^2 f(x)\,dx$$

$$\geq \varepsilon^2 \int_{\{|x-\mu|>\varepsilon\}} f(x)\,dx = \varepsilon^2 P(|X-\mu|>\varepsilon)$$

これより，定理の不等式が示される． ◆

標本の大きさ n が十分大きければ，標本平均 $\bar{X}_n$ が母平均 μ に近いということがいえる．これを**大数の法則** (law of large numbers) という．

> **定理 5.8（大数の法則）** 母平均 μ をもつ分布からの無作為標本 $X_1, \ldots, X_n$ の標本平均 $\bar{X}_n$ と任意の $\varepsilon > 0$ に対して，次の式が成り立つ：
>
> $$\lim_{n\to\infty} P(|\bar{X}_n - \mu| > \varepsilon) = 0$$

［証明］ ここでは，分布が分散 σ^2 をもつとき，チェビシェフの不等式を使って証明する．定理 5.1（p. 82）から標本平均 $\bar{X}_n$ の平均は μ，分散は $\dfrac{\sigma^2}{n}$ であるから，チェビシェフの不等式を適用すれば，

$$P(|\bar{X}_n - \mu| > \varepsilon) \leq \frac{1}{\varepsilon^2} \cdot \frac{\sigma^2}{n} = \frac{\sigma^2}{n\varepsilon^2}$$

が成り立つ．両辺で $n \to \infty$ とすれば，定理の式が示される． ◆

前節の定理 5.4（p. 85）より，母集団が正規分布に従う場合，標本平均 $\bar{X}$ はやはり正規分布に従い，$\bar{X}$ の z-変換は標準正規分布に従うことが示されたが，さらに，母集団が正規分布に従わなくても，標本数 n が十分大きいとき，$\bar{X}$ の z-変換は標準正規分布に近づくことが示される．これを**中心極限定理** (central limit theorem) という（証明は略す）．

定理 5.9（中心極限定理） 標本平均 $\bar{X}_n$ の z-変換 Z_n の分布は標準正規分布に収束する：

$$Z_n = \frac{\sqrt{n}\,(\bar{X}_n - \mu)}{\sigma} \to Z \sim N(0, 1), \quad n \to \infty \text{ のとき}$$

すなわち，Z_n の分布関数は，標準正規分布の分布関数 $\Phi(z)$ に収束する：

$$\lim_{n \to \infty} P(Z_n \le z) = \Phi(z) = \int_{-\infty}^{z} \phi(x)\,dx$$

例題 5.4（2 項分布の正規近似）

2 項分布 $B_N(n, p)$（p. 51）は，n が大きいとき，正規分布 $N(np, np(1-p))$（p. 55）で近似できることを示せ．

[解] 独立なベルヌーイ試行の列 $\varepsilon_1, \ldots, \varepsilon_n$ の和が 2 項分布 $B_N(n, p)$ に従うことを第 3 章の 3 節（p. 50）で示した：

$$X_n = \varepsilon_1 + \cdots + \varepsilon_n \sim B_N(n, p)$$

一方，中心極限定理により，

$$Z_n = \frac{X_n - np}{\sqrt{np(1-p)}} \to Z \sim N(0, 1), \quad n \to \infty \text{ のとき}$$

であるから，標本数 n が大きいとき，2 項分布 $B_N(n, p)$ は正規分布で近似されることがわかる．したがって，X_n は平均 np，分散 $np(1-p)$ の正規分布で近似される：

$$X_n \overset{\cdot}{\sim} N(np, np(1-p)), \quad n \text{ が大きいとき}$$

ここで，記号 "$\overset{\cdot}{\sim}$" は近似的に分布に従うという意味で用いる．

演習問題 5

各分布の参照ページは次の通りである：一様分布 (p. 44)，指数分布 (p. 54)，2 項分布 (p. 51)，ポアソン分布 (p.52)，正規分布 (p. 55)．

5.1 確率変数 X が一様分布 $U(0,1)$ に従うとき，$Y = -2\log X$ は指数分布 $E_X\left(\frac{1}{2}\right)$ に従う，すなわち，自由度 2 のカイ 2 乗分布 χ^2_2 に従うことを示せ．

5.2 確率変数 X が 2 項分布 $B_N(10, 0.4)$ に従うとき，X が母平均 μ から 2 以上離れる確率 $P(|X - \mu| \geq 2)$ を求めよ．その確率についてチェビシェフの不等式 (p. 91) が成り立つことを確かめよ．

5.3 確率変数 X が正規分布 $N(5, 4)$ に従うとき，X が母平均 μ から 3 以上離れる確率 $P(|X - \mu| \geq 3)$ を求めよ．その確率についてチェビシェフの不等式が成り立つことを確かめよ．

5.4 確率変数 X が 2 項分布 $B_N(50, 0.1)$ に従うとき，確率 $P(X \leq 3)$ を計算せよ．また，この確率を 2 項分布のポアソン近似（2 項分布がポアソン分布に収束すること，p. 53 参照）を用いて計算し，正確な確率と比較せよ．

5.5 確率変数 X が 2 項分布 $B_N(12, 0.4)$ に従うとき，確率 $P(3 < X \leq 6)$ を計算せよ．また，この確率を 2 項分布の正規近似を用いて計算し，正確な確率と比較せよ．

5.6 Z は標準正規分布に従い，$z(\alpha)$ はその両側 α 点とする．T は自由度 ν のティー分布に従い，$t_\nu(\alpha)$ はその両側 α 点とする．
 (1) 標準正規分布表により，$\alpha = 0.20, 0.10, 0.05$ に対して，$z(\alpha)$ の値を求めよ．
 (2) ティー分布表により，$\alpha = 0.20, 0.10, 0.05$ と $\nu = 10, 20, 30$ に対して，$t_\nu(\alpha)$ の値を求めよ．
 (3) これらの結果から，$z(\alpha) < t_\nu(\alpha)$ であることを確かめよ．

5.7 T が自由度 ν のティー分布に従うとき，T^2 はどのような分布に従うか．

5.8 指数分布 $E_X(\lambda)$ に従う無作為標本 $X_1, X_2, \ldots, X_n$ の最小値を

$$T = \min\{X_1, X_2, \ldots, X_n\}$$

とおくとき，T はどのような分布に従うか．その平均 $E(T)$ と分散 $V(T)$ を求めよ．

5.9 $X_1, \ldots, X_n$ は一様分布 $U(0,1)$ に従う n 個の無作為標本とする．それらの値が t 以下の標本の個数を $\#\{X_i \leq t\}$ と表すとき，確率変数 $X = \#\{X_i \leq t\}$ はどのような分布に従うか．また，標本比率

$$F_n(t) = \frac{1}{n}\#\{X_i \leq t\}$$

を t の関数と見て，**経験分布関数** (empirical distribution function) という．そのとき，経験分布関数の平均と分散を求めよ．

5.10 (**5.9 の続き**) $0 \leq s < t \leq 1$ に対し，確率変数 $X_1 = \#\{X_i \leq s\}$, $X_2 = \#\{s < X_i \leq t\}$ を考えるとき，(X_1, X_2) はどのような分布に従うか．また，$F_n(s)$ と $F_n(t)$ の共分散を求めよ．

5.11 (**5.10 の続き**) 一様分布 $U(0,1)$ の経験分布関数 $F_n(t)$ について，次の確率変数 $B_n(t)$ は，$n \to \infty$ のとき，正規確率変数 $B(t)$ に収束することを示せ．

$$B_n(t) = \sqrt{n}\left\{F_n(t) - t\right\} \to B(t) = N[0, t(1-t)]$$

5.12 ある家庭には固定電話 1 個と携帯電話 2 個があるとする．1 日に固定電話にかかってくる電話の回数 X は平均 $E(X) = 4$ のポアソン分布 $Po(4)$ に従う．1 日に 2 つの携帯電話にかかってくる電話の回数をそれぞれ Y, Z とし，これらはいずれも平均 $E(Y) = E(Z) = 3$ のポアソン分布 $Po(3)$ に従い，それらは独立とする．そのとき，次の問に答えよ．

(1) 1 日に携帯電話にかかってくる電話の回数の合計 $Y + Z$ はどのような分布に従うか．

(2) 1 日にその家庭にかかってくる電話の回数の合計 $X + Y + Z$ はどのような分布に従うか．また，1 日にその家庭にかかってくる電話の回数の合計が $X + Y + Z = 10$ である確率を求めよ．

（3） 1日にその家庭にかかってくる電話の回数の合計が $X+Y+Z=10$ であるとき，固定電話の回数 X はどのような分布に従うか．

# 第 6 章

推　　　定

　第 2 章のデータ処理は，データの位置や散らばり方の特性値を算出するもので，その結果も与えられたデータに関するものであった．しかし，実際の統計処理では処理結果を，取り扱うデータだけの評価に限定するのではなく，母集団の情報を得る目的とする場合が多い．すなわち，データの背後により大きい母集団があると考え，データはそこから無作為に抽出された標本とみなし，データ処理により母集団の性質を統計的に推測するのである．

　母集団の平均や分散などの特性値を**母数** (parameter) という．母数についての統計的推測には，母数の値を「データの値から推測する」という**推定問題**と，「母数について 2 つの仮説をたて，どちらの仮説を選ぶかをデータの値から決定する」という**検定問題**がある．本章では，推定問題について述べ，次の第 7 章では検定問題をとり上げる．ただし，母集団は正規分布に従っていることを仮定する[1]．

1　推定量とその性質

　確率変数 X の従う分布が，母数 θ によって特徴づけられるものであることを示すとき，分布に対する確率関数と密度関数を次のように表すことにする：

　　　離散型分布の場合：確率関数　　$p(x \mid \theta)$
　　　連続型分布の場合：密度関数　　$f(x \mid \theta)$

また，n 個の無作為標本の組をベクトル $\boldsymbol{X} = (X_1, X_2, \ldots, X_n)$ で表す.

---

[1] 一般の場合も，標本数が大きければ正規分布による議論を援用することができる．

母数 θ の推定のために用いられる統計量

$$T = T(\boldsymbol{X}) = T(X_1, \ldots, X_n)$$

を**推定量** (estimator) といい，データ $\boldsymbol{x} = (x_1, \ldots, x_n)$ に対する推定量の値

$$T = T(\boldsymbol{x}) = T(x_1, \ldots, x_n)$$

を**推定値** (estimate) という．一般に，推定量 T は母数 θ の周りに分布しているが，ここではその分布やその平均と分散について調べよう．

推定量 T の平均 $E(T)$ と母数 θ との差

$$d = E(T) - \theta$$

を**偏り** (bias) といい，偏りがないとき，すなわち，

$$E(T) = \theta$$

のとき**不偏**であるといい，その推定量を**不偏推定量** (unbiased estimator; UE) という．

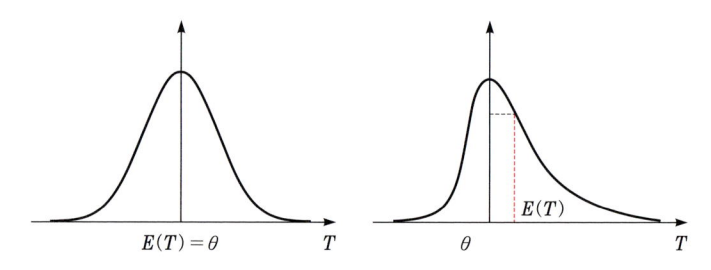

図 6.1　不偏性（左：偏りのない例，右：偏りのある例）

例題 6.1

標本平均 $\bar{X}$ は母平均 $\mu = E(X)$ の不偏推定量であり，不偏分散 U^2 は母分散 $\sigma^2 = V(X)$ の不偏推定量であることを示せ．

[解] 標本平均については定理 5.1（p. 82）より，不偏分散については定理 5.3（p. 84）により，$E(\bar{X}) = \mu$，$E(U^2) = \sigma^2$ である．したがって，それぞれ母数に一致するから不偏推定量である．◆

不偏推定量 T は母数 θ の周りに分布し，その平均は母数 θ に一致することがわかった．したがって，推定量と母数の差の 2 乗平均は推定量の分散になっている：

$$V(T) = E\{(T - \theta)^2\}$$

ゆえに，不偏推定量の分散は推定量の良さの指標と考えることができる (分散が小さい → 推定がよい)．すなわち，母数 θ に対する 2 つの推定量 $T_1 = T_1(\boldsymbol{X})$，$T_2 = T_2(\boldsymbol{X})$ が不偏であり，かつ，T_2 の分散よりも T_1 の分散が小さい，すなわち

$$E(T_1) = E(T_2) = \theta, \quad V(T_1) < V(T_2)$$

のとき，T_2 よりも T_1 はより**有効** (efficient) であるという．

これ以降では，推定量 T の平均 $E(T)$ や分散 $V(T)$ がわかっているだけでなく，さらにその分布がわかっている場合について考える．区間 $I = [a, b]$ の下限と上限を推定量の関数 $a(T)$, $b(T)$ として作り，区間 $I = [a(T), b(T)]$ の中に母数 θ が含まれる確率を計算するという推定の方法を**区間推定** (interval estimation) という．このような区間を**信頼区間** (confidence interval) といい，区間が母数を含む確率を**信頼係数** (confidence coefficient) という．

2　平均の区間推定

正規分布 $N(\mu, \sigma^2)$ からの無作為標本 $X_1, \ldots, X_n$ に対して，母平均 μ の推定量には標本平均 $\bar{X}$ を用いる．

2.1　母分散 σ^2 が既知の場合
標本平均 $\bar{X}$ は正規分布 $N\left(\mu, \dfrac{\sigma^2}{n}\right)$ に従うので，これを z-変換すると標準正規分布に従う（p. 85）：

$$Z = \frac{\bar{X} - \mu}{\sqrt{\frac{\sigma^2}{n}}} = \frac{\sqrt{n}\,(\bar{X} - \mu)}{\sigma} \sim N(0,\,1)$$

したがって，この Z が標準正規分布の両側 $100\alpha\%$ 点 $z(\alpha)$ で定まる区間 $[-z(\alpha),\,z(\alpha)]$ に含まれる確率 γ は $\gamma = 1 - \alpha$ である（p. 59 参照）：

$$P\left(\left|\frac{\sqrt{n}\,(\bar{X} - \mu)}{\sigma}\right| \leq z(\alpha)\right) = P(|Z| \leq z(\alpha))$$

$$= 1 - P(|Z| \geq z(\alpha)) = 1 - \alpha = \gamma$$

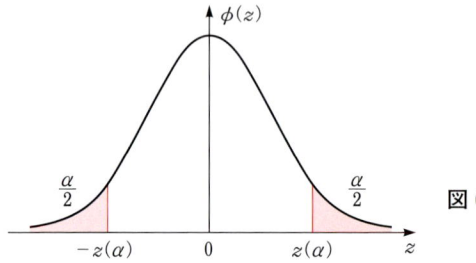

図 6.2 標準正規分布の両側 $100\alpha\%$ 点

上の式の左辺を μ について解いた表現にすると，

$$P\left(\bar{X} - z(\alpha)\frac{\sigma}{\sqrt{n}} \leq \mu \leq \bar{X} + z(\alpha)\frac{\sigma}{\sqrt{n}}\right) = 1 - \alpha = \gamma$$

となり，これは"μ のとる範囲に対する確率を与える式"と読み替えられる．したがって，μ の $\mathbf{100(1 - \alpha)\%}$ **信頼区間** (confidence interval) I が次のように得られる：

$$I = \left[\bar{X} - z(\alpha)\frac{\sigma}{\sqrt{n}},\ \bar{X} + z(\alpha)\frac{\sigma}{\sqrt{n}}\right]$$

$1 - \alpha = \gamma$ を**信頼係数** (confidece coefficient)，信頼区間の両端 $\bar{X} \pm z(\alpha)\dfrac{\sigma}{\sqrt{n}}$ を**信頼限界** (confidence limit) という．信頼区間は信頼限界を使って，

$$I = \bar{X} \pm z(\alpha)\frac{\sigma}{\sqrt{n}}$$

と略記することがある．この信頼区間は

$$\text{中心が確率変数 } \bar{X}, \quad \text{区間幅が } 2z(\alpha)\frac{\sigma}{\sqrt{n}} \quad (\text{定数})$$

であり，信頼係数 γ を大きくとると両側 α 点 $z(\alpha)$ が大きくなり，区間幅は大きくなる（図 6.2 を参照）．また，標本数 n が大きいと区間幅は小さくなることに注意しよう．

実際の計算では，データ $\boldsymbol{x} = (x_1, x_2, \ldots, x_n)$ に対して，データ平均 $\bar{x}$ を使い，信頼区間 I は次のように定義される：

$$I = \left[\bar{x} - z(\alpha)\frac{\sigma}{\sqrt{n}},\, \bar{x} + z(\alpha)\frac{\sigma}{\sqrt{n}}\right] = \bar{x} \pm z(\alpha)\frac{\sigma}{\sqrt{n}}$$

例題 6.2

母分散が $\sigma^2 = 5^2$ である正規母集団から，10 個の無作為標本を抽出して標本平均値が $\bar{x} = 12.8$ であることを得た．母平均の 95% 信頼区間を求めよ．

[解] 両側 $\alpha = 0.05$ 点は $z(0.05) = 1.96$（付表 1 参照）であるから，95% の信頼区間は

$$\bar{x} \pm z(0.05)\frac{\sigma}{\sqrt{n}} = 12.8 \pm 1.96\frac{5}{\sqrt{10}} = 12.8 \pm 3.1 = [9.7,\, 15.9] \quad \blacklozenge$$

信頼係数 γ は「結論の信頼度」であるので出来るだけ大きいことが望ましいが，信頼度を高めるために信頼区間（母数の予想範囲）が必要以上に長くとられることになったのでは意味をなさない．たとえば，日本人女子学生の平均身長の区間推定が [1m, 2m] となったのでは，信頼係数は 100% であっても常識でわかっており，推定に値しない．統計学的作業としては，与えられたデータから「出来るだけ大きい信頼係数で可能なかぎり狭い範囲の推定区間を得る」ことである．統計学では通常 $\gamma = 0.95\ (= 95\%)$ の推定が行われるが，より慎重には $\gamma = 0.99\ (= 99\%)$ を用いることもある．

信頼係数が「γ の信頼区間」という意味について，例題 6.2 を用いて説明しよう．たとえば $\gamma = 0.95$ として母数を推定する作業を 100 回試みたとき，平均的にいって，95 回は信頼区間に母数が含まれ，5 回は含まれていないということを意味する．ところが，母平均 μ はある 1 つの値なので，標本平均値 $\bar{x} = 12.8$ から定まる信頼区間 $[9.7, 15.9]$ は μ を含むか含まないかのどちらかである．すなわち，μ を含む確率は 1 か 0 のどちらかである．つまり，データから求めた区間 $[9.7, 15.9]$ は，μ を含む 95 回の方であるか，μ を含まない 5 回の方であるかわからないけれども，"信頼度 95% で μ を含む区間" と考えてよいだろうということである．ここで，「確率」という概念が「信頼度」という概念に置き換えられた統計的推測の経緯に注意しよう．

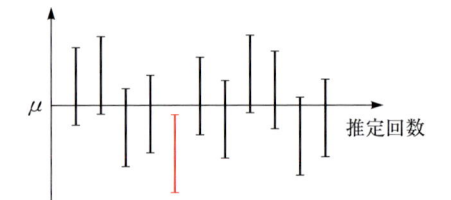

図 6.3 母分散が既知の場合の信頼区間の例

2.2 母分散 σ^2 が未知の場合　母分散 σ^2 が未知の場合には z-変換が使えないから，その推定量としては標本分散 S^2 ではなく，不偏分散 U^2 (p. 84) を用いる．U^2 は確率変数となるから，z-変換ではなく，t-変換（p. 90）になる：

$$z\text{-変換}: Z = \frac{\sqrt{n}\,(\bar{X} - \mu)}{\sigma} \implies T = \frac{\sqrt{n}\,(\bar{X} - \mu)}{U} : t\text{-変換}$$

この t-変換 T は自由度 $n-1$ の t-分布に従う（p. 89）から，自由度 $\nu = n-1$ の t-分布の両側 $100\alpha\%$ 点 $t_{n-1}(\alpha)$ により，

$$P\left\{\left|\frac{\sqrt{n}\,(\bar{X} - \mu)}{U}\right| \leq t_{n-1}(\alpha)\right\} = P\{|T| \leq t_{n-1}(\alpha)\} = 1 - \alpha = \gamma$$

である．これを μ について解いた表現にすると，

$$P\left\{\bar{X} - t_{n-1}(\alpha)\frac{U}{\sqrt{n}} \leq \mu \leq \bar{X} + t_{n-1}(\alpha)\frac{U}{\sqrt{n}}\right\} = 1 - \alpha = \gamma$$

となり，母平均 μ の $100(1-\alpha)\%$ 信頼区間 I が得られる：

$$I = \left[\bar{X} - t_{n-1}(\alpha)\frac{U}{\sqrt{n}},\ \bar{X} + t_{n-1}(\alpha)\frac{U}{\sqrt{n}}\right]$$

信頼限界を使って，信頼区間を

$$I = \bar{X} \pm t_{n-1}(\alpha)\frac{U}{\sqrt{n}}$$

と略記することがある．この信頼区間は中心が確率変数 $\bar{X}$ であるばかりでなく，区間幅が $2t_{n-1}(\alpha)\dfrac{U}{\sqrt{n}}$（変数）であり，区間幅に確率変数 U を含むことから，標本ごとに区間幅が変化することに注意しよう．また，両側 α 点は

$$\text{標準正規分布：} z(\alpha) < t_{n-1}(\alpha) \text{：ティー分布}$$

という大小関係が存在するので，同じ信頼度に対しても一般には分散が既知の場合よりも分散が未知の場合の方が信頼区間の区間幅は広くなってしまう傾向がある．

例題 6.3

正規母集団から，無作為標本を抽出して次のような 24 個のデータを得た．母平均の 99% 信頼区間を求めよ．

35.9	43.9	51.2	35.3	36.7	49.4	39.5	59.6
43.8	32.9	36.0	43.0	41.9	44.6	47.2	56.2
45.6	47.7	38.1	51.8	42.3	46.6	35.5	32.4

[解] 標本の平均 $\bar{x}$，分散 s^2 および不偏分散 u^2 を計算すると

$$\bar{x} = 43.192, \quad s^2 = 51.971, \quad u^2 = 54.231$$

である．母分散が不明であるので t-分布を用いる．自由度 $\nu = n - 1 =$

$24-1 = 23$, $t_{23}(0.01) = 2.807$ (付表2参照) より,信頼区間は

$$\bar{x} \pm t_{n-1}(\alpha)\frac{u}{\sqrt{n}} = 43.192 \pm 2.807\sqrt{\frac{54.2306}{24}}$$
$$= 43.19 \pm 4.22 = [38.97, 47.41]$$

◆

3 分散の区間推定

正規分布 $N(\mu, \sigma^2)$ からの無作為標本 $X_1, \ldots, X_n$ に対して,母分散 σ^2 の推定量としては不偏分散 U^2 を用いる.定理 5.5 (p. 87) から,次の式は自由度 $\nu = n-1$ のカイ2乗分布 χ^2_{n-1} に従う:

$$\frac{(n-1)U^2}{\sigma^2} = \frac{1}{\sigma^2}\sum_{i=1}^n (X_i - \bar{X})^2 \sim \chi^2_{n-1}$$

したがって,自由度 ν のカイ2乗分布の上側 α 点 $\chi^2_\nu(\alpha)$ を用いて σ^2 の区間推定を行うと,

$$P\left\{\chi^2_{n-1}(1-\alpha/2) \leq \frac{(n-1)U^2}{\sigma^2} \leq \chi^2_{n-1}(\alpha/2)\right\} = 1 - \alpha = \gamma$$

であるから,これを σ^2 について解くと

$$P\left\{\frac{(n-1)U^2}{\chi^2_{n-1}(\alpha/2)} \leq \sigma^2 \leq \frac{(n-1)U^2}{\chi^2_{n-1}(1-\alpha/2)}\right\} = \gamma$$

となる.これより,母分散の $100\gamma\%$ 信頼区間 I が次のように得られる:

$$I = \left[\frac{(n-1)U^2}{\chi^2_{n-1}(\alpha/2)}, \frac{(n-1)U^2}{\chi^2_{n-1}(1-\alpha/2)}\right]$$

例題 6.4

正規分布 $N(\mu, \sigma^2)$ から 20 個の無作為標本を抽出し,$\bar{x} = 16.2$,$s^2 = 18.4$ を得た.μ と σ^2 の 95% 信頼区間を求めよ.

[**解**]　$t_{19}(0.05) = 2.093$, $u^2 = \dfrac{20}{20-1}s^2 = 19.37$ であるから，母平均の信頼区間は

$$\bar{x} \pm t_{19}(0.05)\dfrac{u}{\sqrt{20}} = 16.2 \pm 2.093\sqrt{\dfrac{19.37}{20}} = 16.2 \pm 2.1 = [14.1,\ 18.3]$$

次に，$\chi^2{}_{19}(0.975) = 8.91$, $\chi^2{}_{19}(0.025) = 32.9$ を用いて

$$\dfrac{19u^2}{\chi^2{}_{19}(0.025)} = \dfrac{19 \times 19.37}{32.9} = 11.186,\quad \dfrac{19u^2}{\chi^2{}_{19}(0.972)} = \dfrac{19 \times 19.37}{8.91} = 41.305$$

より，母分散の信頼区間は $[11.19,\ 41.30]$ となる．　◆

4　比率の推定

　ある野菜の種の発芽率を推定したいとか，ある候補者の支持率を推定したいというような「比率」について考えよう．ある事象 A が起こるとき $\varepsilon = 1$, 起こらないとき $\varepsilon = 0$ とする：

$$\varepsilon = \begin{cases} 1 & (A \text{ が起こるとき}) \\ 0 & (A \text{ が起こらないとき}) \end{cases}$$

そのような n 個の独立な試行 $\varepsilon_1, \ldots, \varepsilon_n$ において（ベルヌーイ試行 (p. 43)），1 であるものの個数を $X = \displaystyle\sum_{i=1}^{n} \varepsilon_i$ で表し，その比率を

$$\hat{p} = \dfrac{X}{n} = \dfrac{1}{n}\sum_{i=1}^{n} \varepsilon_i$$

で表す．事象 A の起こる確率 $p = P(A)$ を**母比率**といい，$\hat{p}$ を**標本比率**という．このとき，X は 2 項分布 $B_N(n, p)$ に従い，その平均と分散は

$$E(X) = np,\quad V(X) = np(1-p)$$

である (p. 51)．すなわち，標本比率 $\hat{p}$ の平均と分散は

$$E(\hat{p}) = \dfrac{1}{n}E(X) = p,\quad V(\hat{p}) = \dfrac{1}{n^2}V(X) = \dfrac{p(1-p)}{n}$$

2項分布の正規近似により，標本数 n が大きいときには $\hat{p}$ の z-変換は

$$Z_n = \frac{\sqrt{n}\,(\hat{p}-p)}{\sqrt{p(1-p)}} \to N(0,1)$$

より，標準正規分布で近似できる．ゆえに，両側 α 点 $z(\alpha)$ を使って，

$$P\left\{\hat{p} - z(\alpha)\sqrt{\frac{p(1-p)}{n}} \leq p \leq \hat{p} + z(\alpha)\sqrt{\frac{p(1-p)}{n}}\right\} \fallingdotseq 1-\alpha$$

が得られる．大数の法則（p. 92）によって n が十分大きいときには，$\hat{p}$ は p に近いとみなしてよいから，上下の信頼限界の項に現れる $p(1-p)$ を $\hat{p}(1-\hat{p})$ で置き換えることによって

$$P\left\{\hat{p} - z(\alpha)\sqrt{\frac{\hat{p}(1-\hat{p})}{n}} \leq p \leq \hat{p} + z(\alpha)\sqrt{\frac{\hat{p}(1-\hat{p})}{n}}\right\} \fallingdotseq 1-\alpha$$

が成立する．そこで，区間

$$I = \left[\hat{p} - z(\alpha)\sqrt{\frac{\hat{p}(1-\hat{p})}{n}},\ \hat{p} + z(\alpha)\sqrt{\frac{\hat{p}(1-\hat{p})}{n}}\right]$$

を母比率 p の信頼度 $1-\alpha$ の信頼区間として扱う．この区間を

$$I = \hat{p} \pm z(\alpha)\sqrt{\frac{\hat{p}(1-\hat{p})}{n}}$$

のように書くこともある．ここで，信頼区間の区間中央は標本比率 $\hat{p}$ であり，半区間幅（区間幅の半分）を L とすると次のようになる：

$$L = z(\alpha)\sqrt{\frac{\hat{p}(1-\hat{p})}{n}}$$

例題 6.5

ある世論調査によると，500 人中 280 人が，ある候補者を支持するという結果を得た．この候補者の支持率の 95% 信頼区間を求めよ．

[解]　$n=500$, $\hat{p}=\dfrac{280}{500}=0.56$, $\alpha=0.05$ であるから

$$\hat{p}\pm z(\alpha)\sqrt{\dfrac{\hat{p}(1-\hat{p})}{n}}=0.56\pm 1.96\times\sqrt{\dfrac{0.56\times 0.44}{500}}=0.56\pm 0.0435$$

したがって，信頼区間は $[0.5165, 0.6035]$ である． ◆

例題 6.6

世論調査により，ある候補者の支持率を信頼度 95% で推定したいとき，信頼区間の幅が 0.05 以下になるようにするには標本数をいくらとらなければいけないか．

[解]　相加平均は相乗平均より大きい，すなわち，相乗平均は相加平均より小さいことから，任意の p ($0\leq p\leq 1$) に対して，

$$\sqrt{p(1-p)}\leq\dfrac{p+(1-p)}{2}=0.5$$

である．したがって，支持率についての情報が全くないときには，信頼度 95% の半区間幅 L は

$$L=z(0.05)\sqrt{\dfrac{\hat{p}(1-\hat{p})}{n}}\leq 1.96\times\dfrac{0.5}{\sqrt{n}}\fallingdotseq\dfrac{1}{\sqrt{n}}$$

を満たさなければならない．ゆえに，区間幅を 0.05 以下にするためには

$$2\times\dfrac{1}{\sqrt{n}}\leq 0.05 \quad \text{より} \quad n\geq\dfrac{1}{0.025^2}=1600$$

となり，1600 人に対する標本調査が必要である． ◆

演習問題 6

6.1　確率変数 X_1, X_2 は独立で，平均 μ，分散 σ^2 をもつ同分布に従うとき，次のものを求めよ．

（1）　$E(X_1+X_2)$　（2）　$E(X_1X_2)$　（3）　$V(X_1+X_2)$　（4）　$V(X_1X_2)$

6.2　X, Y は独立な観測で，平均と分散はそれぞれ

$$E(X) = E(Y) = \mu, \quad V(X) = \sigma^2, \quad V(Y) = 3\sigma^2$$

であるとする．定数 a, b を係数とする観測の線形関数 $T = aX + bY$ に対して，次の問に答えよ．

(1)　T が μ の不偏推定量であるためには，a, b はどのような条件を満たさねばならないか．

(2)　T が μ の不偏推定量であるとき，分散を最小にする a, b の値を求めよ．

6.3　$X_1, \ldots, X_n$ は独立で同一分布に従う観測で，その平均は $E(X_i) = \mu$，分散は $V(X_i) = \sigma^2$ であるとする．定数 $c_1, \ldots, c_n$ を係数とする観測の線形関数 $T = c_1 X_1 + \cdots + c_n X_n$ を考える．

(1)　T が μ の不偏推定量であるために，定数 $c_1, \ldots, c_n$ の満たすべき条件を求めよ．

(2)　線形不偏推定量の中で，分散を最小にする定数 $c_1, \ldots, c_n$ を求めよ．

6.4　平均 μ_1, μ_2，分散 ${\sigma_1}^2, {\sigma_2}^2$ をもつ 2 つの異なる母集団から，無作為標本 $X_1, \ldots, X_{n_1}; Y_1, \ldots, Y_{n_2}$ の標本平均を $\bar{X}, \bar{Y}$ とするとき，次の加重平均 M の平均 $E(M)$ と分散 $V(M)$ を求めよ．

$$M = \frac{n_1 \bar{X} + n_2 \bar{Y}}{n_1 + n_2}$$

6.5　$X_1, X_2, \ldots, X_n$ を一様分布 $U(0, \theta)$ からの無作為標本とする．

(1)　$Y = \max\{X_1, X_2, \ldots, X_n\}$ の密度関数を求めよ．

(2)　次の 2 つの推定量 T_1, T_2 はともに，θ の不偏推定量であることを示せ．

$$T_1 = \frac{n+1}{n} Y, \quad T_2 = 2\bar{X}$$

(3)　(2) の 2 つの推定量 T_1, T_2 のうち，どちらがより有効な推定量であるか．

6.6　$X_1, X_2, \ldots, X_n$ は指数分布 $E_X\left(\dfrac{1}{\lambda}\right)$ からの無作為標本とする．母数 λ の 2 つの推定量として $T_1 = \bar{X}$（標本平均）と標本最小値を使った推定量 $T_2 = n \min\{X_1, X_2, \ldots, X_n\}$ を考える．そのとき，次の問に答えよ．

(1) これらの推定量は不偏であることを示せ．
(2) これらの推定量の分散を求め，比較せよ．

6.7 正規母集団 $N(\mu, 0.5^2)$ から大きさ $n = 25$ の無作為標本を抽出し，標本平均 $\bar{x} = 18.26$ を得た．母平均 μ の 95% 信頼区間を求めよ．また，90% 信頼区間を求めよ．

6.8 ある製品の検査の所要時間は正規分布に従うといわれている．大きさ 10 の無作為標本について

12.4　13.5　12.7　14.1　13.8　14.1　12.0　12.8　13.1　15.4

のデータを得た（単位：分）．母平均 μ の 95% 信頼区間を求めよ．また，母分散 σ^2 の 95% 信頼区間を求めよ．

6.9 ある地区の 250 人において，あるテレビ番組に対する視聴率は 20% であった．視聴率の 90% 信頼区間を求めよ．また，95% 信頼区間を求めよ．

6.10 あるテレビ番組に対する視聴の有無を 180 名に聞いた．何名が視聴していれば，「視聴率が 20% であった」，ということができるか．

6.11 次のデータは鉛の融点を 12 回測定した結果である（単位：℃）．

327.1　325.5　336.8　324.2　328.5　321.0
332.2　321.8　317.1　337.8　324.0　326.8

(1) これらの測定値は正規分布 $N(\mu, 6.5^2)$ に従っているものとして，鉛の融点 μ の信頼区間を求めよ．ただし，信頼度は 95% とする．
(2) これらの測定値は正規分布 $N(\mu, \sigma^2)$ に従っているものとして，鉛の融点の信頼区間を求めよ．また，母分散 σ^2 の信頼区間を求めよ．

第 7 章

検　　　　定

統計的推測のもう 1 つの方法は，母集団分布の母数に関して 2 つの仮説を立て，どちらの仮説が正しいかをデータから判定するという方法であり，**仮説検定** (test of hypotheses) と呼ばれる．

本章も第 6 章と同様に，母集団が正規分布に従うことを仮定する．

1　検定の手順

検定は通常次のステップで進められる．

（1）　仮説の設定　母数 θ は既知の値 θ_0, θ_1 のどちらか一方であるが，どちらが正しいかは未知であるとする．そこで，次の 2 つの仮説を考える：

$$H_0 : \theta = \theta_0 \quad 帰無仮説$$
$$H_1 : \theta = \theta_1 \quad 対立仮説$$

通常の命題を**帰無仮説** (null hypothesis) といい，H_0 で表し，それに相対する命題を**対立仮説** (alternative hypothesis) といい，H_1 で表す．

2 つの仮説は二者択一で，「H_0 でもあり H_1 でもある」とか「H_0 でもなければ H_1 でもない」というような曖昧な結論とならないように構成される．

上の仮説のようにそれぞれ 1 点 θ_0 や θ_1 からなるものを**単純仮説**といい，複数の点や区間で与えられるものを**複合仮説**という．

特に，対立仮説としては，帰無仮説の両側にある**両側仮説**：

$$(\text{a}) \quad H_1 : \theta \neq \theta_0 \quad （両側仮説）$$

または，帰無仮説の右側にある**右側仮説**や左側にある**左側仮説**：

（b） $H_1 : \theta > \theta_0$ （右側仮説），または，（c） $H_1 : \theta < \theta_0$ （左側仮説）

を考える．右側仮説あるいは左側仮説の場合を**片側仮説**ともいう．

具体例においては，これらのうちのどれを対立仮説として用いるかは非常に重要である．たとえば，中学生と高校生の身長の差を検討するとき，「高校生は成長が止まって差がない」のか，「成長は止まらず差がある」のか，ということが問題にされているのだから，

（a） 中学生 $\neq$ 高校生　または　（b） 中学生 $>$ 高校生

というようなものを対立仮説として検討する必要はなく，

（c） $H_1 :$ 中学生 $<$ 高校生　（右側仮説）

を考えればよい．どれを対立仮説として用いるかの判断はデータを見てから行うものではなく，**対立仮説はデータを見る前に書くべきである**．

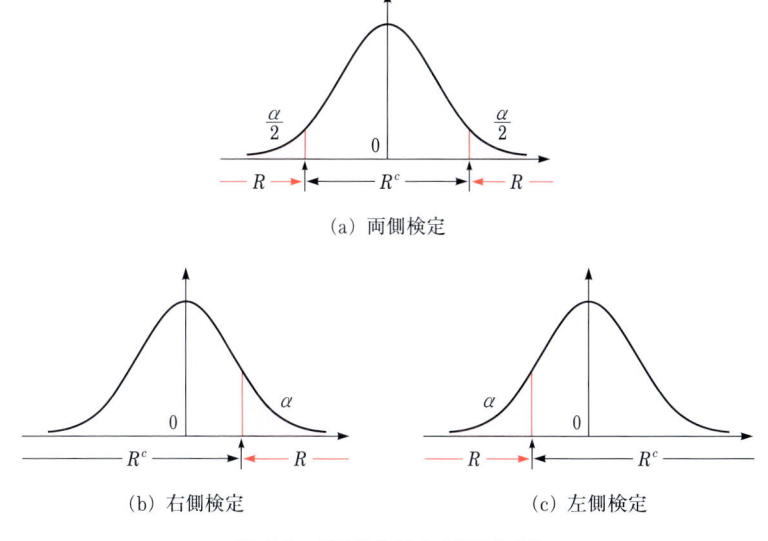

図 7.1 棄却域 R と採択域 R^c

(2)　検定統計量の選定　検定する母数についての情報をもつ統計量の中で，帰無仮説と対立仮説の差をもっとも反映するような統計量を用いることが非常に重要である．検定に用いられる統計量を**検定統計量**という．

(3)　有意水準と棄却域の設定　検定の結論は確率を用いた判断であるために，帰無仮説が正しいのに，検定の結論としては帰無仮説を棄て対立仮説を採ってしまう誤りの確率 α を設定する．この α を**有意水準** (significance level) または**危険率**という．実用では危険率が小さいことが求められるため，通常，有意水準としては，$\alpha = 0.10, 0.05, 0.01$ などが選ばれる．本書では特に断りのない限り，$\alpha = 0.05$ としている．問題の性質に応じてもっと厳密に，$\alpha = 0.01$ などとして検定せねばならないこともある．

検定統計量 T の確率分布から，α に対応した T の領域 R が両側（片側対立仮説の場合は片側）に設定される（図 7.1 参照）：

$$P(T \in R \mid H_0) = \alpha \quad （有意水準）$$

この領域 R を**棄却域** (rejection region) といい，その補集合 R^c を**採択域** (acceptance region) という．T の実現値（データ値）が R に入れば帰無仮説 H_0 を**棄却する** (reject)，R^c に入れば帰無仮説 H_0 を**採択する** (accept) という意味である．このためには，T の分布する領域を棄却域 R と採択域 R^c に分ける基準をデータを得る前にあらかじめ定めておく必要がある．

(4)　帰無仮説の棄却と採択　データ $\boldsymbol{x} = (x_1, x_2, \ldots, x_n)$ から検定統計量 T の実現値 $t = T(\boldsymbol{x}) = T(x_1, x_2, \ldots, x_n)$ を得て，帰無仮説を棄却するか，採択するかの判定を行う．すなわち，実現値が棄却域に含まれるか，採択域に含まれるかをみて

$$t \in R \implies H_0 \text{ を棄却} \quad (\theta \neq \theta_0 \text{ であって，有意差あり})$$
$$t \in R^c \implies H_0 \text{ を採択} \quad (\theta = \theta_0 \text{ であって，有意差なし})$$

の結論を導く．

以下の一般論の説明や例題では繁雑さを避けるため，対立仮説には両側仮説

が設定されている場合を用いるが，問題の性質に応じて片側検定で解かねばならないこともある．

2 平均の検定

正規分布 $N(\mu, \sigma^2)$ からの無作為標本 $\boldsymbol{X} = (X_1, X_2, \ldots, X_n)$ に対して，母平均 μ に関する仮説を検定しよう．母平均 μ は未知であるが，ある特定の値 μ_0 とみなしてよいかどうか，すなわち，次の2つの仮説のうちのどちらが正しいかを，標本平均 $\bar{X}$ を使って判断を行うのが平均の検定である：

$$H_0 : \mu = \mu_0 \quad \text{帰無仮説}$$
$$H_1 : \mu \neq \mu_0 \quad \text{対立仮説}$$

母分散 σ^2 に関する情報の有無により，2つの場合に分けられる．

2.1 母分散 σ^2 が既知の場合 標本平均 $\bar{X}$ は正規分布 $N\left(\mu, \dfrac{\sigma^2}{n}\right)$ に従うとしているので，これを z-変換したものは標準正規分布に従う (p. 85)：

$$\frac{\sqrt{n}\,(\bar{X} - \mu)}{\sigma} \sim N(0,\,1)$$

一方，検定統計量としては，帰無仮説の下での母平均 μ_0 を用いた

$$Z = \frac{\sqrt{n}\,(\bar{X} - \mu_0)}{\sigma}$$

を使う．これは

$$Z = \frac{\sqrt{n}\,(\bar{X} - \mu)}{\sigma} + \frac{\sqrt{n}\,(\mu - \mu_0)}{\sigma} \sim N(0,\,1) + d$$

であり，母数の差の部分 d は

$$d = \frac{\sqrt{n}\,(\mu - \mu_0)}{\sigma} \begin{cases} = 0 & (H_0 : \mu = \mu_0 \text{ の下で}) \\ \neq 0 & (H_1 : \mu \neq \mu_0 \text{ の下で}) \end{cases}$$

であるから，検定統計量 Z は，帰無仮説の下では標準正規分布に従う（対立仮説の下では，標準正規分布よりも d だけずれて分布する）．したがって，標準

正規分布（表）を使って，有意水準 α の棄却域 R は次のように与えられる：

$$R = \{z : |z| > z(\alpha)\}$$

ただし，$z(\alpha)$ は標準正規分布の両側 $100\alpha\%$ 点である．ゆえに，Z の実現値 z により，

$$|z| > z(\alpha) \quad \text{すなわち} \quad z \in R \quad \Longrightarrow \quad H_0 \text{ を棄却}$$
$$|z| \leq z(\alpha) \quad \text{すなわち} \quad z \in R^c \quad \Longrightarrow \quad H_0 \text{ を採択}$$

なる判定を行えばよい．

z-変換，すなわち標準正規分布を用いての検定を **z-検定** ということがある．

例題 7.1

ある中学校で 1 年生 44 名に集団式知能検査を実施したところ，偏差値の平均は 52.4 であった．この学校の 1 年生は平均的な生徒といえるか．ただし，全国における知能検査の偏差値は $N(50, 10^2)$ に従うことが知られている．

[解] 全国における偏差値の平均は 50 であるから，2 つの仮説を設定する：

帰無仮説 　$H_0 : \mu = \mu_0 = 50$ 　　（生徒の知能は平均的である）
対立仮説 　$H_1 : \mu \neq \mu_0$ 　　（生徒の知能は平均的ではない）

H_0 のもとで，偏差値の平均 $\bar{X}$ の z-変換 Z が標準正規分布に従うことを利用して検定を行う（問題の意味から両側検定である）：

$$Z = \frac{\bar{X} - \mu_0}{\sqrt{\sigma^2/n}} \sim N(0, 1)$$

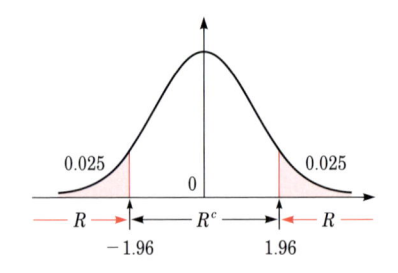

図 7.2　z-検定

有意水準 $\alpha = 0.05$ における両側検定の棄却域 R は

$$R = \{z : |z| > z(0.05) = 1.96\} = \{z : z < -1.96 \quad \text{または} \quad z > 1.96\}$$

である（数値は付表 1 から求まる）．Z の実現値 z を求めると

$$z = \frac{52.4 - 50}{\sqrt{10^2/44}} = 1.592$$

となり，これは棄却域 R に含まれないので帰無仮説は棄却されない．数値は全国平均の 50 よりも上であるが，平均的な生徒と判断される．

例題 7.2

あるメーカーの電化製品の寿命は，カタログによると平均 $\mu = 1200$ 時間，標準偏差 $\sigma = 150$ 時間と書かれている．$n = 10$ 個のサンプルについてテストしたとき，平均寿命が $\bar{x} = 1100$ 時間であった．カタログは偽りといえるか．

[解] カタログが偽りというとき，寿命が 1200 時間を超えている場合と，1200 時間にみたない場合がある．しかし，1200 時間を超えて長持ちすることは消費者にとっては結構なことであって，カタログが偽りという必要はない．したがって，この問題では片側検定（すなわち左側検定）をすればよい．

カタログの数値は 1200 であるから，2 つの仮説を

　　帰無仮説　$H_0 : \mu = \mu_0 = 1200$ 　　（カタログは正しい）
　　対立仮説　$H_1 : \mu < \mu_0$ 　　（カタログは偽り）

と設定し，平均寿命 $\bar{X}$ に対する z-変換

$$Z = \frac{\bar{X} - \mu_0}{\sqrt{\sigma^2/n}}$$

による z-検定を行う．有意水準 $\alpha = 0.05$ の左側検定における棄却域 R は

$$R = \{z : z < -z(0.10) = -1.645\}$$

となる(左側検定のときは，上側$100\alpha\%$点$z(2\alpha)$にマイナスをつけた$-z(2\alpha)$を使用する)．Zの実現値zを求めると

$$z = \frac{1100 - 1200}{\sqrt{150^2/10}} = -2.108 \in R$$

となり，これは棄却域に含まれ，帰無仮説を棄却できる．すなわち，このデータは平均寿命が短く，カタログの表示は偽りといえる（図7.3）． ◆

▶ **参考** 上の例題で，有意水準を$\alpha = 0.01$としてみよう．棄却域Rは$z(0.02) = 2.326$を用いて

$$R = \{z : z < -z(0.02) = -2.326\}$$

となり，実現値-2.108はこの棄却域に入らない．すなわち，$\alpha = 0.01$を選ぶと，帰無仮説採択の"カタログは偽りとはいえない"となり，$\alpha = 0.05$の場合と対立する．

検定では，データを見る前に有意水準を決め，棄却域を設定しておくことが重要である．

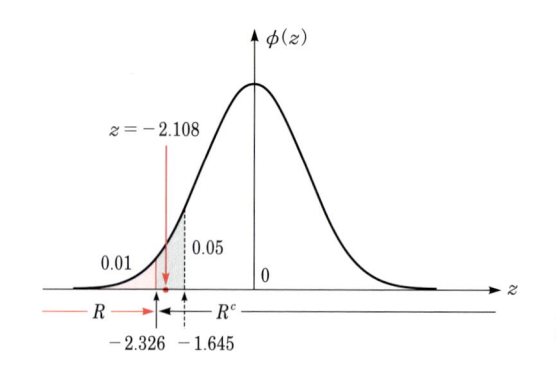

図7.3 z-検定

2.2 母分散σ^2が未知の場合

母分散σ^2が未知の場合にはz-検定は使用できない．したがって，母分散σ^2の代わりにその推定量である不偏分散

$$U^2 = \frac{1}{n-1} \sum_{i=1}^{n} (X_i - \bar{X})^2$$

を用いた検定統計量（$\bar{X}$ の t-変換，p. 90）

$$T = \frac{\sqrt{n}\,(\bar{X} - \mu_0)}{U}$$

を使う．この T は

$$T = \frac{Z}{U/\sigma}, \quad \frac{U^2}{\sigma^2} \sim \frac{\chi^2_\nu}{\nu}, \quad \nu = n - 1$$

と表され，分母の 2 乗 $\dfrac{U^2}{\sigma^2}$ は仮説によらず $\dfrac{\chi^2_\nu}{\nu}$ として分布するが，分子 Z は z-検定統計量であり仮説に依存する．すなわち，検定統計量 T は帰無仮説の下では自由度 $\nu = n-1$ のティー分布（p. 88）に従う．したがって，ティー分布（付表 3）を使って，有意水準 α の棄却域 R は次のように与えられる：

$$R = \{t : |t| > t_{n-1}(\alpha)\}$$

ただし，$t_{n-1}(\alpha)$ は自由度 $n-1$ のティー分布の両側 $100\alpha\%$ 点である．ゆえに，T の実現値 t により，

$$|t| > t_{n-1}(\alpha) \quad \text{すなわち} \quad t \in R \quad \Longrightarrow \quad H_0 \text{ を棄却}$$
$$|t| \leq t_{n-1}(\alpha) \quad \text{すなわち} \quad t \in R^c \quad \Longrightarrow \quad H_0 \text{ を採択}$$

なる判定を行えばよい．

ティー分布を用いる検定を **t-検定**という．

例題 7.3

ある県での統計によると，満 6 歳児の平均身長は 108.6（cm）であるという．同県のある小学校の 6 歳児 27 名について身長を調べたところ，

$$\text{平均：} \bar{x} = 109.7\ (\text{cm}), \quad \text{不偏分散：} u^2 = 4.06^2\ (\text{cm}^2)$$

であった．この結果から，同校児童の身長は県平均に比べて高いといえるか．

▶ **注意** 問に「県平均に比べて高いといえるか」とあるからといって片側検定にしてはいけない．この学校の児童の身長が県平均に比べて高いという情報は，データ以外どこにもないからである（対立仮説はデータを見る前に書かなければならない）．

[**解**] 2つの仮説を

帰無仮説 　$H_0 : \mu = \mu_0 = 108.6$ 　　（県平均と同じ）
対立仮説 　$H_1 : \mu \neq \mu_0$ 　　　　　　（県平均とは異なる）

と設定する．母分散が未知であるので，

$$T = \frac{\bar{X} - \mu_0}{\sqrt{U^2/n}} \sim t_{n-1}$$

による t-検定を行う．

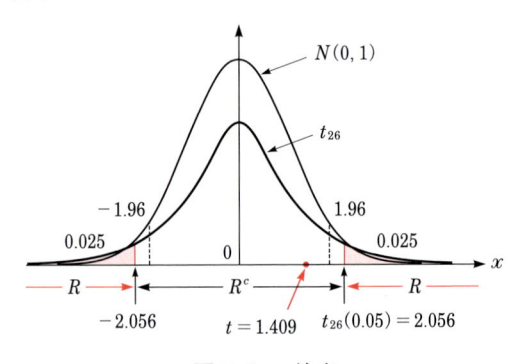

図 7.4 t-検定

有意水準 $\alpha = 0.05$ における棄却域 R は，自由度が $\nu = n - 1 = 27 - 1 = 26$ であり，両側検定であるから，

$$R = \{t : |t| > t_{26}(0.05) = 2.056\}$$

となる．T の実現値 t を求めると

$$t = \frac{109.7 - 108.6}{4.06/\sqrt{27}} = 1.408$$

となり，これは採択域に含まれるため帰無仮説を棄却できない．すなわち，特に県平均に比べて高いとはいえない．　　◆

3　分散の検定

正規母集団の母分散 σ^2 が特定の値 $\sigma_0{}^2$ であるかどうかの仮説を検定する：

$$H_0 : \sigma^2 = \sigma_0{}^2 \quad 帰無仮説$$
$$H_1 : \sigma^2 \neq \sigma_0{}^2 \quad 対立仮説$$

不偏分散 $U^2 = \dfrac{n}{n-1} S^2$（S は標本分散，n は標本数）から定まる次の統計量は自由度 $\nu = n-1$ のカイ2乗分布に従うことがわかっている（p. 104）：

$$\frac{(n-1)U^2}{\sigma^2} = \frac{1}{\sigma^2}\sum_{i=1}^{n}(X_i - \bar{X})^2 \sim \chi^2{}_\nu, \quad \nu = n-1$$

一方，検定統計量は，帰無仮説の分散 $\sigma_0{}^2$ を使った

$$Y = \frac{(n-1)U^2}{\sigma_0{}^2} = \frac{1}{\sigma_0{}^2}\sum_{i=1}^{n}(X_i - \bar{X})^2$$

である．これは

$$Y = r\frac{1}{\sigma^2}\sum_{i=1}^{n}(X_i - \bar{X})^2 \sim r\chi^2{}_{n-1}, \quad r = \frac{\sigma^2}{\sigma_0{}^2}$$

と書けて，r は分散比を表している．

$$r = \frac{\sigma^2}{\sigma_0{}^2} \begin{cases} = 1 & (H_0 : \sigma^2 = \sigma_0{}^2 \text{ の下で}) \\ \neq 1 & (H_1 : \sigma^2 \neq \sigma_0{}^2 \text{ の下で}) \end{cases}$$

であるから，検定統計量 Y は，帰無仮説の下では自由度 $\nu = n-1$ のカイ2乗分布に従う（対立仮説の下では分散比 r 分だけ，$r < 1$ のとき小さめに，$r > 1$ のとき大きめに，変化して分布する）．したがって，カイ2乗分布（表）を使って，有意水準 α の棄却域 R は

$$R = \{y : y < \chi^2{}_{n-1}(1-\alpha/2), \quad \text{または}, \quad y > \chi^2{}_{n-1}(\alpha/2)\}$$

となる．ただし，$\chi^2{}_{n-1}(\alpha/2)$ は自由度 $n-1$ のカイ2乗分布の上側 $100\alpha\%$ 点である．ゆえに，Y の実現値 $y = \dfrac{ns^2}{\sigma_0{}^2}$ により，次のような判断を行えば

よい：

$$y \in R \Longrightarrow H_0 \text{ を棄却}, \quad y \in R^c \Longrightarrow H_0 \text{ を採択}$$

例題 7.4

ある機器の部品の製造会社で，過去の製品のばらつきは，分散 $\sigma_0{}^2 = 0.01$ であるといわれている．いま，製造方法を変え，無作為標本抽出を行い，下のようなデータが得られた．方法を変えたことにより，ばらつきに変化が生じたといえるか．

6.28　6.33　6.52　6.44　6.31　6.44　6.40　6.49　6.68　6.34

[解] 分散に関する仮説を

$$H_0 : \sigma^2 = \sigma_0{}^2 \quad \text{帰無仮説}$$
$$H_1 : \sigma^2 \neq \sigma_0{}^2 \quad \text{対立仮説}$$

とする．データより，標本平均 $\bar{x}$ は

$$\bar{x} = \frac{1}{10}(6.28 + 6.33 + \cdots + 6.34) = 6.423$$

であるから，標本分散 s^2（p. 26）は

$$s^2 = \frac{1}{10}(6.28^2 + 6.33^2 + \cdots + 6.34^2) - 6.423^2 = 0.013$$

となる．この s^2 についてカイ2乗検定を行う．有意水準 $\alpha = 0.05$ の棄却域 R は

$$R = \{y : y < \chi^2{}_9(0.975),\ y > \chi^2{}_9(0.025)\}$$
$$= \{y : y < 2.70,\ y > 19.02\}$$

である．Y の実現値 y は

$$y = \frac{ns^2}{\sigma_0{}^2} = \frac{10 \times 0.013}{0.010} = 13.00$$

となり，これは棄却域 R に含まれず，帰無仮説採択である．したがって，ばらつきに差があるとはいえない． ◆

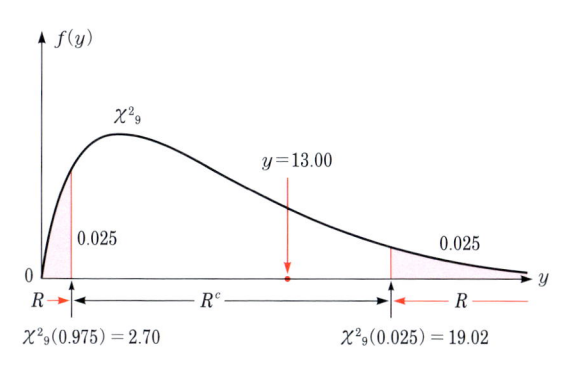

図 7.5 カイ 2 乗検定

4　比率の検定

　ある事象が生起する確率 p を母比率として，その比率が特定の値 p_0 とみなしてよいかどうかという比率の検定を考える．このとき，比率に関する 2 つの仮説は次のように与えられる：

$$H_0 : p = p_0 \quad 帰無仮説$$
$$H_1 : p \neq p_0 \quad 対立仮説$$

ベルヌーイ試行 $Ber(p)$ で事象が起こったとき 1，起こらなかったとき 0 とする．n 回の独立なベルヌーイ試行 $\varepsilon_1, \ldots, \varepsilon_n$ において，事象が X 回起こるときの標本比率 $\hat{p}$ は

$$\hat{p} = \frac{1}{n} \sum_{i=1}^{n} \varepsilon_i = \frac{X}{n}, \quad \sum_{i=1}^{n} \varepsilon_i = X$$

である．このとき，X は 2 項分布 $B_N(n, p)$ に従うが，n が大きい（目安として $np \geq 5$）とき，正規分布近似を用いてその確率を求めることができる．す

なわち，2項分布に従う X の平均と分散は

$$E(X) = np, \quad V(X) = np(1-p)$$

であるので，これらを正規分布の平均と分散とみなして z-変換すると，近似的に標準正規分布になる：

$$Z_n = \frac{X - np}{\sqrt{np(1-p)}} = \frac{\sqrt{n}\,(\hat{p} - p)}{\sqrt{p(1-p)}} \stackrel{.}{\sim} N(0, 1).$$

このとき，検定統計量は p_0 を用いた

$$Z = \frac{\sqrt{n}\,(\hat{p} - p_0)}{\sqrt{p_0(1-p_0)}}$$

になり，有意水準 α における棄却域 R は近似的に

$$R = \left\{ z : |z| = \left| \frac{\sqrt{n}\,(\hat{p} - p_0)}{\sqrt{p_0(1-p_0)}} \right| > z(\alpha) \right\}$$

で与えられる．ここで，$z(\alpha)$ は標準正規分布の両側 α 点である．

例題 7.5

あるクラスの平均出席率は 0.90 であるといわれている．ある日の欠席者は，160 人中 25 人であった．この日は通常の出席ではないといえるか．有意水準は $\alpha = 0.01$ とせよ．

[解]　出席率を p で表し，仮説を

$$H_0 : p = 0.9 \quad 帰無仮説, \quad H_1 : p \neq 0.9 \quad 対立仮説$$

とする．標本数が大であるので，正規分布に近似させて比率の検定を行う．$\alpha = 0.01$ のとき $z(0.01) = 2.576$ であるから，その棄却域は

$$R = \{z\ : |z| > 2.576\}$$

であり，標本出席率 $\hat{p}$ は

$$\hat{p} = \frac{160 - 25}{160} = 0.8438$$

で，この値と平均出席率 0.9 とを比較する．Z の実現値 z は

$$z = \frac{\sqrt{160}\,(0.8438 - 0.9)}{\sqrt{0.9 \times 0.1}} = -2.370$$

で，これは棄却域 R に含まれないから，帰無仮説は棄却されない．よって，欠席者はいつもより多いが，出席率は 0.9 と異なるとはいえない． ◆

演習問題 7

7.1 母分散 $\sigma^2 = 15$ の正規分布に従うといわれる母集団から，標本数 30 の無作為標本を抽出し，標本平均 $\bar{x} = 56.75$ を得た．母平均を $\mu = 60$ とみなしてよいか．

7.2 正規母集団 $N(\mu, 6^2)$ から大きさ $n = 50$ の無作為標本を抽出したところ，標本平均は $\bar{x} = 28.4$ であった．帰無仮説 $H_0 : \mu = 30$ を次の 2 つの対立仮説に対してそれぞれ検定せよ．

（1） $H_1 : \mu \neq 30$ 　　　　（2） $H_1 : \mu < 30$

7.3 過去の経験から，ある製品の不良率は正規分布 $N(0.02, 0.04^2)$ に従うことがわかっている．製造方法を変更して，$n = 200$ の無作為標本について検査したところ，標本平均は $\bar{x} = 0.015$ に向上していた．効果があったといえるか．

7.4 ある溶液に含まれる物質の濃度（%）を測定して次のデータを得た．

　　　12.6　13.4　14.1　12.4　11.2　12.5　10.9　11.8　11.6　13.1

真の濃度を μ として，仮説 $H_0 : \mu = 12$ を検定せよ．

7.5 ある植物の生育は平均 $\mu = 15.4$ の正規分布 $N(\mu, \sigma^2)$ に従うことがわかっている．ある年，成長促進剤を施したところ，標本数 $n = 24$ のデータで，標本平均 $\bar{x} = 18.4$，不偏分散 $u^2 = 6.8^2$ であった．この促進剤の効果はあったといえるか．

7.6 正規母集団から無作為標本として

  31.5 32.4 30.6 34.1 29.1 33.2 31.5 30.8 32.8 34.3

を得た．このデータより，次の仮説を検討せよ．ただし，対立仮説は両側仮説とする．

（1）$H_0 : \mu = 33$ （2）$H_0 : \sigma^2 = 2.80$

7.7 ある製品の品質の均一性としてばらつきが検討されるが，過去のデータによると，製品の直径に関して，その分散は $\sigma^2 = 0.010$（mm）であるという．このことを確かめるために，10個の製品について調べたところ次のデータを得た．

  6.58 6.59 6.48 6.62 6.59 6.54 6.38 6.61 6.60 6.62

この製品の分散は σ^2 であるといえるか．

7.8 50人の偏差値を調べたところ，不偏分散が 8.80^2 であった．母分散 $\sigma^2 = 10^2$ とみなしてよいか．

7.9 ある意見項目に対する賛成率を 30％ は欲しいと思われていた．実際に，調査では80人中23人の賛成を得た．賛成率の目標を達成したと考えてよいか．

7.10 メンデルの法則によれば，ある花の栽培において，2種類の花が 3 : 1 の割合で生ずるという．実際に217本栽培した結果，花が 156 : 61 の割合で発生した．この結果はメンデルの法則に従っているといえるか．

7.11 喫煙が心臓の活動に影響するかどうかを調べるために，15人を無作為に選び喫煙の前後における1分間の脈拍を測り，次のデータを得た．

喫煙前	70	69	72	74	66	68	69	70	71	69	73	72	68	72	67
喫煙後	69	72	71	74	68	67	72	72	72	70	75	73	71	72	69

そのとき，これを一対比較のデータとみて喫煙の前後の脈拍数の差を取り，それらの差が正規分布 $N(\mu, \sigma^2)$ に従っているとして，$\mu = 0$ であるかどうかを有意水準 $\alpha = 0.05$ で検定せよ．

第8章
2標本問題

統計的推測について,第6章では推定問題,第7章では検定問題に関する基本概念について学んだ.しかし,統計的推測に関するこれ以降の学習では,統計モデルを設定してその統計モデルに関する詳細な統計的推測を行うという形式を踏む.

第6章や第7章では,ある小学校の1年生の身長やサラリーマンの通勤時間というように,1つの母集団からの無作為標本による推定や検定について考えてきた.その意味で **1標本問題** (one sample problem) ということができる.本章では,小学校の1年生の身長において男女生徒の比較や東京と大阪のサラリーマンの通勤時間の比較のように,2つの母集団の特性の比較のために推定と検定を行うという **2標本問題** (two sample problem) について考えよう.ここでも母集団は正規分布に従っていることを仮定する.

2つの母集団から独立に抽出された n_1, n_2 個の無作為標本

$$\boldsymbol{X} = (X_1, X_2, \ldots, X_{n_1}), \quad \boldsymbol{Y} = (Y_1, Y_2, \ldots, Y_{n_2})$$

はそれぞれ正規分布 $N(\mu_1, \sigma_1^2), N(\mu_2, \sigma_2^2)$ に従うとする:

$$\boldsymbol{X} : X_1, X_2, \ldots, X_{n_1} \sim N(\mu_1, \sigma_1^2)$$
$$\boldsymbol{Y} : Y_1, Y_2, \ldots, Y_{n_2} \sim N(\mu_2, \sigma_2^2)$$

そのとき,母平均 μ_1, μ_2,母分散 σ_1^2, σ_2^2 についての推定については,第6章で行った.すなわち,母平均 μ_1, μ_2 の推定量は標本平均 $\bar{X}, \bar{Y}$ であり,それ

らは独立で，それぞれ正規分布 $N\left(\mu_1, \dfrac{\sigma_1{}^2}{n_1}\right)$, $N\left(\mu_2, \dfrac{\sigma_2{}^2}{n_2}\right)$ に従う (p. 85)：

$$\bar{X} = \frac{1}{n_1}\sum_{i=1}^{n_1} X_i \sim N\left(\mu_1, \frac{\sigma_1{}^2}{n_1}\right), \quad \bar{Y} = \frac{1}{n_2}\sum_{j=1}^{n_2} Y_j \sim N\left(\mu_2, \frac{\sigma_2{}^2}{n_2}\right)$$

ゆえに，母集団間の比較では，平均については差を，分散については比を考えればよく，これらの扱いは 1 標本問題に帰着する．母平均の差 $d = \mu_1 - \mu_2$ の推定量は標本平均の差 $\hat{d} = \bar{X} - \bar{Y}$ であり，その分布は次のような正規分布である：

$$\hat{d} = \bar{X} - \bar{Y} \sim N\left(d, \frac{\sigma_1{}^2}{n_1} + \frac{\sigma_2{}^2}{n_2}\right)$$

また，母分散 $\sigma_1{}^2, \sigma_2{}^2$ の推定量は不偏標本分散 $U_1{}^2, U_2{}^2$ であり，それらは独立で，$\dfrac{(n_1-1)U_1{}^2}{\sigma_1{}^2}$, $\dfrac{(n_2-1)U_2{}^2}{\sigma_2{}^2}$ は自由度 $\nu_1 = n_1 - 1$, $\nu_2 = n_2 - 1$ のカイ 2 乗分布に従う：

$$\frac{(n_1-1)U_1{}^2}{\sigma_1{}^2} = \frac{1}{\sigma_1{}^2}\sum_{i=1}^{n_1}(X_i - \bar{X})^2 \sim \chi^2{}_{\nu_1}, \quad \nu_1 = n_1 - 1$$

$$\frac{(n_2-1)U_2{}^2}{\sigma_2{}^2} = \frac{1}{\sigma_2{}^2}\sum_{j=1}^{n_2}(Y_j - \bar{Y})^2 \sim \chi^2{}_{\nu_2}, \quad \nu_2 = n_2 - 1$$

ゆえに，母分散の比 $r = \dfrac{\sigma_1{}^2}{\sigma_2{}^2}$ の推定量は不偏分散の比 $\hat{r} = \dfrac{U_1{}^2}{U_2{}^2}$ であり，それらは自由度 (ν_1, ν_2) のエフ分布に従う：

$$\frac{\hat{r}}{r} = \frac{U_1{}^2/\sigma_1{}^2}{U_2{}^2/\sigma_2{}^2} \sim F^{\nu_1}_{\nu_2} = \frac{\chi^2{}_{\nu_1}/\nu_1}{\chi^2{}_{\nu_2}/\nu_2}$$

以上の性質を使って，母平均の差 $d = \mu_1 - \mu_2$ と母分散の比 $r = \dfrac{\sigma_1{}^2}{\sigma_2{}^2}$ についての統計的推測を行うことを**正規 2 標本問題**という．

1 平均の差について

2つの正規分布 $N(\mu_1, \sigma_1^2)$, $N(\mu_2, \sigma_2^2)$ の母平均の差 $d = \mu_1 - \mu_2$ に関する統計的推測モデルでは，分散は未知であるが共通の分散 σ^2 をもつとする：

$$\sigma^2 = \sigma_1^2 = \sigma_2^2 \quad 未知$$

そのとき，標本平均の差 $\hat{d}$ の分布は

$$\hat{d} = \bar{X} - \bar{Y} \sim N\left(d, \sigma^2\left(\frac{1}{n_1} + \frac{1}{n_2}\right)\right)$$

共通の分散の推定量としては合併した不偏分散を使う：

$$U^2 = \frac{(n_1-1)U_1^2 + (n_2-1)U_2^2}{n_1 + n_2 - 2}$$
$$= \frac{1}{n_1 + n_2 - 2}\left\{\sum_{i=1}^{n_1}(X_i - \bar{X})^2 + \sum_{j=1}^{n_2}(Y_j - \bar{Y})^2\right\}$$

標本平均差の t-変換は自由度 $\nu = n_1 + n_2 - 2$ のティー分布に従う：

$$T = \frac{\hat{d} - d}{U\sqrt{\frac{1}{n_1} + \frac{1}{n_2}}} \sim t_\nu = \frac{N(0,1)}{\sqrt{\frac{\chi^2_\nu}{\nu}}}, \quad \nu = n_1 + n_2 - 2$$

これを用いることで，平均差の区間推定と検定が行える．

1.1 平均差の区間推定 自由度 ν のティー分布の両側 α 点 $t_\nu(\alpha)$ に対して，

$$1 - \alpha = P\left\{\hat{d} - t_\nu(\alpha)U\sqrt{\frac{1}{n_1} + \frac{1}{n_2}} \leq d \leq \hat{d} + t_\nu(\alpha)U\sqrt{\frac{1}{n_1} + \frac{1}{n_2}}\right\}$$

が成り立つ．ゆえに，母平均の差 $d = \mu_1 - \mu_2$ の信頼度 $1 - \alpha$ の信頼区間は

$$I = \left[\hat{d} - t_\nu(\alpha)U\sqrt{\frac{1}{n_1} + \frac{1}{n_2}},\ \hat{d} + t_\nu(\alpha)U\sqrt{\frac{1}{n_1} + \frac{1}{n_2}}\right]$$
$$= \hat{d} \pm t_\nu(\alpha)U\sqrt{\frac{1}{n_1} + \frac{1}{n_2}}$$

例題 8.1

淀川河川敷におけるタンポポの 2 つの群落 A, B からそれぞれ無作為に 10 本ずつのタンポポをとり，その綿帽子の種子の個数を調べて次のようなデータを得た．

A : 150　163　161　130　147　145　138　168　164　147
B : 145　134　115　122　101　147　130　112　126　129

そのとき，タンポポの群落 A, B の種子の個数の差の 95% 信頼区間を求めよ．ただし，分散は共通であるとする．

[解]　$\bar{x} = 151.3$, $\bar{y} = 126.1$, $u_1^2 = 153.3444$, $u_2^2 = 205.4333$ であり，自由度が $\nu = 20 - 2 = 18$ であるから，ティー分布の両側 5% 点は $t_{18}(0.05) = 2.101$．したがって，95% 信頼区間 I は

$$I = (151.3 - 126.1) \pm 2.101 \times \sqrt{\frac{9 \times 153.3 + 9 \times 205.4}{18}} \sqrt{\frac{1}{10} + \frac{1}{10}}$$
$$= 25.2 \pm 12.584 = [12.6, 37.8]$$

1.2　平均差の検定

母平均の差 $d = \mu_1 - \mu_2$ についての仮説

$H_0 : d = 0$　帰無仮説　（母平均に差がない）
$H_1 : d \neq 0$　対立仮説　（母平均に差がある）

についての検定問題を考える．帰無仮説 $d = 0$ の下での t-変換

$$T = \frac{\hat{d}}{U\sqrt{\frac{1}{n_1} + \frac{1}{n_2}}}$$

により，有意水準 α の棄却域 R は次のようになる：

$$R = \{T : |T| > t_\nu(\alpha)\}, \quad \nu = n_1 + n_2 - 2$$

1 平均の差について

例題 8.2

ある動物を無作為に 2 つの群 A, B に分け, 2 種類のエサを与えて成長の差を調べ, 体重 (g) について次のデータを得た. 2 種類のエサが成長に与える効果に差があるといえるか.

	平均	分散	標本数
A	168.1	8.8	10
B	164.3	10.1	8

[解] ここでは母分散が等しい ($\sigma_1^2 = \sigma_2^2$) とみなせるとして, 平均の差の検定を行う. 2 つの仮説を

$H_0 : \mu_1 = \mu_2$　帰無仮説　(A, B 群の成長は同じ)
$H_1 : \mu_1 \neq \mu_2$　対立仮説　(A, B 群の成長は異なる)

とする. 共通の分散を推定してティー検定を行う. 自由度は両サンプル数より $\nu = 10 + 8 - 2 = 16$ であり, 棄却域 R は

$$R = \{T : |T| > t_{16}(0.05) = 2.12\}$$

となる. 分散の推定値 u^2 は

$$u^2 = \frac{n_1 s_1^2 + n_2 s_2^2}{n_1 + n_2 - 2} = \frac{10 \times 8.8 + 8 \times 10.1}{16} = 10.55$$

で, これを用いて, T の実現値 t は

$$t = \frac{\bar{x} - \bar{y}}{\sqrt{u^2 \left(\frac{1}{n_1} + \frac{1}{n_2}\right)}} = \frac{168.1 - 164.3}{\sqrt{10.55 \left(\frac{1}{10} + \frac{1}{8}\right)}} = 2.466$$

である. これは棄却域 R に入り, したがって帰無仮説は棄却される. よって, 2 種類のエサの成長への効果は異なり, A 群の成長がよいといえる.

2 分散比について

1 節 (p. 127) における母平均の差 $d = \mu_1 - \mu_2$ についての推定や検定では，正規 2 標本の分散は未知であるが共通分散をもつとすることで推定や検定ができたが，一般には，2 標本間の分散が同じであるかどうかの情報を得る必要がある．

母分散の比 $r = \dfrac{\sigma_1{}^2}{\sigma_2{}^2}$ の推定量は不偏分散の比 $\hat{r} = \dfrac{U_1{}^2}{U_2{}^2}$ であり，それらは自由度 $(\nu_1, \nu_2) = (n_1 - 1, n_2 - 1)$ のエフ分布に従う：

$$\frac{\hat{r}}{r} = \frac{U_1{}^2/\sigma_1{}^2}{U_2{}^2/\sigma_2{}^2} \sim F^{\nu_1}_{\nu_2} = \frac{\chi^2{}_{\nu_1}/\nu_1}{\chi^2{}_{\nu_2}/\nu_2}$$

2.1 分散比の区間推定

自由度 $(n_1 - 1, n_2 - 1)$ のエフ分布の上側 $\alpha/2$ 点 $F^{n_1-1}_{n_2-1}(\alpha/2)$，上側 $1 - \alpha/2$ 点 $F^{n_1-1}_{n_2-1}(1 - \alpha/2)$ に対して，

$$\begin{aligned}1 - \alpha &= P\left\{F^{n_1-1}_{n_2-1}(1 - \alpha/2) < \frac{\hat{r}}{r} < F^{n_1-1}_{n_2-1}(\alpha/2)\right\} \\ &= P\left\{\frac{\hat{r}}{F^{n_1-1}_{n_2-1}(\alpha/2)} < r < \frac{\hat{r}}{F^{n_1-1}_{n_2-1}(1 - \alpha/2)}\right\}\end{aligned}$$

が成り立つ．したがって，母分散の比 $r = \dfrac{\sigma_1{}^2}{\sigma_2{}^2}$ の信頼度 α の信頼区間は

$$I = \left[\frac{\hat{r}}{F^{n_1-1}_{n_2-1}(\alpha/2)},\ \frac{\hat{r}}{F^{n_1-1}_{n_2-1}(1 - \alpha/2)}\right]$$

である．また，エフ分布の上側 $1 - \alpha/2$ 点については次のことが成り立つ：

$$F^{n_1-1}_{n_2-1}(1 - \alpha/2) = \frac{1}{F^{n_2-1}_{n_1-1}(\alpha/2)}$$

2 分散比について

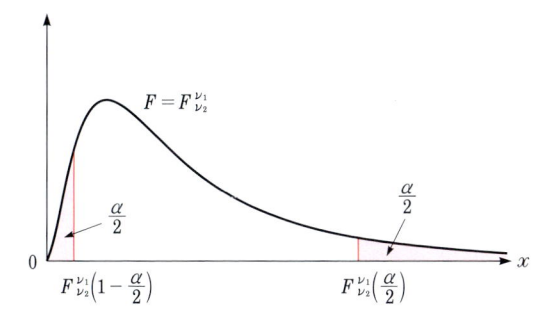

図 8.1 エフ分布の上側 $\alpha/2$ 点と下側 $\alpha/2$ 点

例題 8.3

女子学生 25 人の体重の不偏分散は 19.6567（kg^2）であり，新生児 25 人の体重の不偏分散は 201432.6667（g^2）であった．女子学生と新生児の体重の分散比の 90% 信頼区間を求めよ．

[**解**] 不偏分散の単位を g^2 に合わせて比をとると，

$$\hat{r} = \frac{19656700}{201432.6667} = 97.584$$

である．自由度 $(24, 24)$ のエフ分布の上側 5% 点は $F_{24}^{24}(0.05) = 1.98$ であるから，下側 5% 点，すなわち，上側 95% 点は

$$F_{24}^{24}(0.95) = \frac{1}{F_{24}^{24}(0.05)} = \frac{1}{1.98} = 0.5050$$

ゆえに，分散比の 90% 信頼区間 I は次のようになる：

$$I = [97.584/1.98,\ 97.584/0.5050] = [49.285,\ 193.236]$$ ◆

2.2 等分散の検定 次に，正規 2 標本の母分散の相等性につての仮説

$$H_0 : r = 1 \quad \text{帰無仮説 （母分散は等しい）}$$
$$H_1 : r \neq 1 \quad \text{対立仮説 （母分散は異なる）}$$

を検定することを考えよう．不偏分散の比はエフ検定統計量と呼ばれ，$F = \hat{r}$ と書く．帰無仮説 $r = 1$ の下では，統計量 F は自由度 $(\nu_1, \nu_2) = (n_1 - 1, n_2 - 1)$ のエフ分布に従う（対立仮説 $r \neq 1$ の下では統計量 F はエフ分布よりも r の積の分だけ大きめ，または小さめに分布する）：

$$F = \frac{U_1{}^2}{U_2{}^2} \sim F_{\nu_2}^{\nu_1}$$

したがって，信頼度 α の棄却域 R は

$$R = \{F : F < F_{\nu_2}^{\nu_1}(1 - \alpha/2),\ F_{\nu_2}^{\nu_1}(\alpha/2) < F\}$$

例題 8.4

ある動物を無作為に 2 群 A, B に分け，2 種類のエサを与えて成長の差を調べた．体重について次のデータを得たとき，両エサによる成長のばらつきは同じといえるか（例題 8.2, p. 129 参照）．

	平均	分散	標本数
A	168.1	8.8	10
B	164.3	10.1	8

[解] 平均値ではなく，分散を問題とする．

$$H_0 : \sigma_1{}^2 = \sigma_2{}^2 \quad \text{帰無仮説}$$
$$H_1 : \sigma_1{}^2 \neq \sigma_2{}^2 \quad \text{対立仮説}$$

として，分散比の検定を行う．エフ分布の上側 0.05 点は $F_7^9(0.05) = 3.68$, 下側 0.05 点は

$$F_7^9(0.95) = \frac{1}{F_9^7(0.05)} = \frac{1}{3.29} = 0.304$$

で求められ，このときの棄却域 R は

$$R = \{F : F < 0.304,\ F > 3.68\}$$

である．標本分散を不偏分散に直すと，

$$u_1{}^2 = \frac{n_1 s_1{}^2}{n_1 - 1} = \frac{10 \times 8.8}{9} = 9.778$$

$$u_2{}^2 = \frac{n_2 s_2{}^2}{n_2 - 1} = \frac{8 \times 10.1}{7} = 11.543$$

となり，F の実現値 f は

$$f = \frac{u_1{}^2}{u_2{}^2} = \frac{9.778}{11.543} = 0.847$$

で，これは棄却域 R に含まれず，このデータから有意水準 0.10 で等母分散を否定できない．◆

例題 8.5

A 校の生徒 16 名，B 校の生徒 12 名に読解力テストを実施して，A 校の平均 $\bar{x} = 73$，標準偏差 $s_1 = 27$，B 校の平均 $\bar{y} = 56$，標準偏差 $s_2 = 14$ を得た．両校の成績のばらつきが異なるといえるか．

[解]
$$H_0 : \sigma_1{}^2 = \sigma_2{}^2 \quad 帰無仮説$$
$$H_1 : \sigma_1{}^2 \neq \sigma_2{}^2 \quad 対立仮説$$

として，分散比の検定を行う．エフ分布の上側 0.05 点は $F_{11}^{15}(0.05) = 2.72$，下側 0.05 点は $F_{11}^{15}(0.95) = \dfrac{1}{F_{15}^{11}(0.05)} = \dfrac{1}{2.507} = 0.399$ で求められ，このときの棄却域 R は

$$R = \{F : F < 0.399, \ F > 2.72\}$$

である．標本分散を不偏分散に直すと，

$$u_1{}^2 = \frac{16 \times 27^2}{15} = 777.6, \quad u_2{}^2 = \frac{12 \times 14^2}{11} = 213.82$$

となり，F の実現値 f は

$$f = \frac{u_1{}^2}{u_2{}^2} = \frac{777.6}{213.82} = 3.637$$

で，これは棄却域 R に含まれ，したがって有意水準 0.10 で等母分散は否定される．◆

3 等分散性がない場合

例題 8.5 では分散の相等性が棄却されたので，共通分散を仮定した平均差の推定法や検定法は適用できないという困難が発生する．このような問題は**ベーレンス–フィッシャー問題** (Behrens-Fisher's Problem) と呼ばれている．しかし，正規 2 標本問題の平均差の推定や検定において，母分散 $\sigma_1{}^2, \sigma_2{}^2$ が既知の場合や標本数 n_1, n_2 が大きい場合には，議論は簡単である．

3.1 母分散 $\sigma_1{}^2, \sigma_2{}^2$ が既知の場合

標本平均差 $\hat{d}$ が，平均が母平均差 d で，分散が $\dfrac{\sigma_1{}^2}{n_1} + \dfrac{\sigma_2{}^2}{n_2}$ の正規分布に従うので，$\hat{d}$ の z-変換は標準正規分布に従う：

$$\hat{d} \sim N\left(d,\ \frac{\sigma_1{}^2}{n_1} + \frac{\sigma_2{}^2}{n_2}\right), \quad Z = \frac{\hat{d} - d}{\sqrt{\dfrac{\sigma_1{}^2}{n_1} + \dfrac{\sigma_2{}^2}{n_2}}} \sim N(0, 1)$$

したがって，第 6 章の「母平均の区間推定」(p. 99) に帰着することができる．すなわち，$1 - \alpha$ 信頼区間 I は標準正規分布の両側 α 点 $z(\alpha)$ により，次のようになる：

$$I = \hat{d} \pm z(\alpha)\sqrt{\frac{\sigma_1{}^2}{n_1} + \frac{\sigma_2{}^2}{n_2}}$$

例題 8.6

ある大学の男子学生 40 人と女子学生 30 人の身長を調べたところそれぞれ 171.47, 157.22 (cm) であった．それぞれの分散は既知であって 36, 25 (cm^2) であるとして，男女学生の身長差の 95% 信頼区間を求めよ．

[解] 標準正規分布の両側 5% 点は $z(0.05) = 1.96$ であるから，男女学生の

身長差の 95% 信頼区間は

$$I = 171.47 - 157.22 \pm 1.96\sqrt{\frac{36}{40} + \frac{25}{30}}$$
$$= 14.25 \pm 2.58 = [11.67,\ 16.83]$$

◆

次に，平均差はないという帰無仮説 $H_0 : d = 0$ の下では，検定統計量 Z は

$$Z = \frac{\hat{d}}{\sqrt{\dfrac{\sigma_1{}^2}{n_1} + \dfrac{\sigma_2{}^2}{n_2}}}$$

であり，有意水準 α の棄却域は $R = \{z : |z| > z(\alpha)\}$ である．

例題 8.7

ある学年で知能指数を測定し，男女別に集計したところ次の結果が得られた．男女差があるといえるか．ただし，知能指数の分布は $N(100,\ 15^2)$ といわれている．

	平均	標準偏差	人数
男生徒	103	17	40
女生徒	101	12	35

[解] 2 つの仮説を

$$H_0 : \mu_1 = \mu_2 \quad \text{帰無仮説} \quad (\text{男女差なし})$$
$$H_1 : \mu_1 \neq \mu_2 \quad \text{対立仮説} \quad (\text{男女差あり})$$

とする．データの標準偏差が書かれているが，知能指数の分散は 15^2 であるので，こちらを使用する方がよい．母分散が既知の場合の z-変換を用いる．有意水準が $\alpha = 0.05$ の場合，棄却域 R は

$$R = \{z : |z| > z(0.05) = 1.96\}$$

であり，Z の実現値は

$$z = \frac{103 - 101}{\sqrt{\dfrac{15^2}{40} + \dfrac{15^2}{35}}} = 0.576$$

で，これは棄却域 R に入らない．したがって帰無仮説採択，すなわち，このデータからでは知能指数に男女差があるとはいえない． ◆

3.2　母分散 $\sigma_1{}^2, \sigma_2{}^2$ は未知であるが，標本数 n_1, n_2 が大きい場合

母分散が未知であっても共通分散の場合は，合併した不偏分散で推定することによりティー分布を適用することができた（p. 127）が，共通分散でないときにはこの方法は適用できない．しかし，標本数 n_1, n_2 が大きいときは，未知分散 $\sigma_1{}^2, \sigma_2{}^2$ をそれぞれの不偏分散 $u_1{}^2, u_2{}^2$ で置き換えて正規分布で近似することにより，前項の「母分散 $\sigma_1{}^2, \sigma_2{}^2$ が既知の場合」として検定を行うことができる：

$$Z = \frac{\hat{d} - d}{\sqrt{\dfrac{u_1{}^2}{n_1} + \dfrac{u_2{}^2}{n_2}}} \stackrel{.}{\sim} N(0, 1)$$

すなわち，信頼度 $1 - \alpha$ の信頼区間を

$$I = \hat{d} \pm z(\alpha) \sqrt{\frac{u_1{}^2}{n_1} + \frac{u_2{}^2}{n_2}}$$

とする．また，帰無仮説 $H_0 : d = 0$ の下では，検定統計量 Z を

$$Z = \frac{\hat{d}}{\sqrt{\dfrac{u_1{}^2}{n_1} + \dfrac{u_2{}^2}{n_2}}}$$

として，有意水準 α の棄却域は $R = \{z : |z| > z(\alpha)\}$ である．

　この近似が，どのくらいの標本数で適用できるか，については明確な境界値があるわけではないが，$n_1, n_2 \geq 30$ あたりでもよく，$n_1, n_2 \geq 50$ ならば十分であろう．

例題 8.8

2種類のタイヤ A, B について耐久力テストの結果は次の通りであった．耐久力の差は有意か．有意水準 $\alpha = 0.01$ で検定せよ．

	平均	不偏分散	標本数
A	60.5	8.2^2	50
B	55.2	7.7^2	70

[解]　$H_0 : \mu_1 = \mu_2$　帰無仮説　（A, B の持久力は同じ）
　　　$H_1 : \mu_1 \neq \mu_2$　対立仮説　（A, B の持久力は異なる）

とする．標本数が大であるので，正規分布を用いる．有意水準 $\alpha = 0.01$ のときの棄却域 R は

$$R = \{z : |z| > z(0.01) = 2.576\}$$

であり，Z の実現値 z は

$$z = \frac{\bar{x} - \bar{y}}{\sqrt{\dfrac{u_1^2}{n_1} + \dfrac{u_2^2}{n_2}}} = \frac{60.5 - 55.2}{\sqrt{\dfrac{8.2^2}{49} + \dfrac{7.7^2}{69}}} = 3.548$$

で棄却域 R に含まれ，帰無仮説は棄却される．したがって，2種類のタイヤの持久力は異なるといえる．　◆

4　比率の 2 標本問題

「男女の政党支持率の差はどのくらいだろうか」とか「都市と地方で自動車の事故率に差があるだろうか」とかいうような2標本における比率の差の推定と検定について考えよう．2つの母集団において，独立な n_1, n_2 個のベルヌーイ試行（p. 43）$\boldsymbol{\varepsilon} = (\varepsilon_1, \varepsilon_2, \ldots, \varepsilon_{n_1})$; $\boldsymbol{\delta} = (\delta_1, \delta_2, \ldots, \delta_{n_2})$ を観測した．そ

のとき，それぞれの和 X, Y は2項分布に従う：

$$\boldsymbol{\varepsilon}: \varepsilon_1, \varepsilon_2, \ldots, \varepsilon_{n_1}, \quad X = \sum_{i=1}^{n_1} \varepsilon_i \sim B_N(n_1, p_1)$$

$$\boldsymbol{\delta}: \delta_1, \delta_2, \ldots, \delta_{n_2}, \quad Y = \sum_{j=1}^{n_2} \delta_j \sim B_N(n_2, p_2)$$

ここで，$\boldsymbol{\varepsilon}, \boldsymbol{\delta}$ は $0, 1$ からなる2つの列であり，標本比率

$$\hat{p}_1 = \frac{X}{n_1} = \frac{1}{n_1} \sum_{i=1}^{n_1} \varepsilon_i, \quad \hat{p}_2 = \frac{Y}{n_2} = \frac{1}{n_2} \sum_{j=1}^{n_2} \delta_j$$

により母比率 p_1, p_2 を推定する．それらの平均と分散は

$$E(\hat{p}_1) = p_1, \quad V(\hat{p}_1) = \frac{p_1(1-p_1)}{n_1},$$

$$E(\hat{p}_2) = p_2, \quad V(\hat{p}_2) = \frac{p_2(1-p_2)}{n_2}$$

となる．ここでは，標本数 n_1, n_2 が大きい場合を考える．2項分布の正規近似（p. 93）により，標本比率 $\hat{p}_1, \hat{p}_2$ の分布は正規分布で近似できる：

$$\hat{p}_1 \overset{.}{\sim} N\left(p_1, \frac{p_1(1-p_1)}{n_1}\right), \quad \hat{p}_2 \overset{.}{\sim} N\left(p_2, \frac{p_2(1-p_2)}{n_2}\right)$$

ゆえに，標本比率の差の分布は正規分布で近似できる：

$$\hat{p}_1 - \hat{p}_2 \overset{.}{\sim} N\left(p_1 - p_2, \frac{p_1(1-p_1)}{n_1} + \frac{p_2(1-p_2)}{n_2}\right)$$

すなわち，その z-変換は

$$Z = \frac{(\hat{p}_1 - \hat{p}_2) - (p_1 - p_2)}{\sqrt{\frac{p_1(1-p_1)}{n_1} + \frac{p_2(1-p_2)}{n_2}}} \overset{.}{\sim} N(0, 1)$$

である．これを使って比率の差の推定と検定が行える．

4 比率の2標本問題

4.1 比率の差の区間推定 標本比率の差 $\hat{p}_1 - \hat{p}_2$ の確率分布は標準正規分布の両側 α 点 $z(\alpha)$ を使って,

$$P\left\{(\hat{p}_1 - \hat{p}_2) - z(\alpha)\sqrt{\frac{p_1(1-p_1)}{n_1} + \frac{p_2(1-p_2)}{n_2}} \right.$$
$$\left. \leq (p_1 - p_2) \leq (\hat{p}_1 - \hat{p}_2) + z(\alpha)\sqrt{\frac{p_1(1-p_1)}{n_1} + \frac{p_2(1-p_2)}{n_2}} \right\} \fallingdotseq 1 - \alpha$$

のように得られる．大数の法則によって n_1, n_2 が十分大きいときには，$\hat{p}_1, \hat{p}_2$ は p_1, p_2 に近いとみなしてよいから，上下の信頼限界の項に現れる $p_1(1-p_1), p_2(1-p_2)$ を $\hat{p}_1(1-\hat{p}_1), \hat{p}_2(1-\hat{p}_2)$ で置き換えることによって，母比率の差 $p_1 - p_2$ に対する信頼度 $1-\alpha$ の信頼区間 I が近似的に得られる：

$$I = (\hat{p}_1 - \hat{p}_2) \pm z(\alpha)\sqrt{\frac{\hat{p}_1(1-\hat{p}_1)}{n_1} + \frac{\hat{p}_2(1-\hat{p}_2)}{n_2}}$$

例題 8.9

トマトの種 100 粒とほうれん草の種 120 粒を植えたところそれぞれ 86, 90 粒ずつが芽を出した．発芽率の差の 90% 信頼区間を求めよ．

[解] それぞれの発芽率は $\hat{p}_1 = 0.86, \hat{p}_2 = 0.75$ であり，標準正規分布の両側 10% 点は $z(0.10) = 1.645$ あるから，発芽率の差の 90% 信頼区間は

$$I = 0.86 - 0.75 \pm 1.645\sqrt{\frac{0.86(1-0.86)}{100} + \frac{0.75(1-0.75)}{120}}$$
$$= 0.11 \pm 0.087 = [0.023, 0.197]$$

◆

4.2 比率の差の検定 2標本問題において，2つの母比率 p_1, p_2 の相等性を正規近似を使って検定する．

$$H_0 : p_1 = p_2 \quad \text{帰無仮説}$$
$$H_1 : p_1 \neq p_2 \quad \text{対立仮説}$$

帰無仮説の下では $p_1 - p_2 = 0$ であるから，比率の差の z-変換において，$p_1(1-p_1)$, $p_2(1-p_2)$ を標本値 $\hat{p}_1(1-\hat{p}_1)$, $\hat{p}_2(1-\hat{p}_2)$ で置き換えることにより検定統計量 Z が得られる：

$$Z = \frac{\hat{p}_1 - \hat{p}_2}{\sqrt{\dfrac{\hat{p}_1(1-\hat{p}_1)}{n_1} + \dfrac{\hat{p}_2(1-\hat{p}_2)}{n_2}}}$$

したがって，近似的に有意水準 α の棄却域は次のようになる：

$$R = \{Z : |Z| > z(\alpha)\}$$

例題 8.10

ある意見項目に対する賛否を男女別に集計したところ，次の結果を得た．賛成者の比率に男女差があるといえるか．

	賛成	反対	計
男	58 (0.592)	40 (0.408)	98 (1.000)
女	28 (0.394)	43 (0.606)	71 (1.000)

[解] 2つの母比率に関する仮説を

　　　　帰無仮説　　$H_0 : p_1 = p_2$　　（比率の男女差なし）
　　　　対立仮説　　$H_1 : p_1 \neq p_2$　　（比率の男女差あり）

として検定を行う．標本数が多いので正規近似を行う．有意水準 5% の棄却域 R は

$$R = \{z : |z| > z(0.05) = 1.96\}$$

であり，Z の実現値 z は

$$z = \frac{0.592 - 0.394}{\sqrt{\dfrac{0.592(1-0.592)}{98} + \dfrac{0.394(1-0.394)}{71}}} = 2.594$$

で，これは棄却域 R に含まれ，帰無仮説は棄却される．したがって，賛成の比率は男女間で有意差があるといえる．　◆

演習問題 8

8.1 次の表は 20 組の夫妻の身長のデータである．夫妻の身長の平均差の 95% 信頼区間を求めよ．このとき，夫婦の身長は共通分散をもつと考えてよいか．

夫妻の身長（mm）

夫	1809	1659	1779	1616	1695	1730	1740	1685	1735	1713
妻	1590	1620	1540	1420	1660	1610	1580	1610	1590	1610
夫	1758	1729	1683	1585	1684	1674	1724	1630	1700	1610
妻	1630	1570	1600	1550	1540	1640	1640	1630	1580	1510

8.2 次の表は新生女児と女子学生各 20 人ずつの身長，体重のデータである．
（1） 身長の分散比の 90% 信頼区間を求めよ．
（2） 体重の分散比の 90% 信頼区間を求めよ．

新生女児 20 人の身長（cm）と体重（g）

身長	50	49.5	50	49.5	50.5	51	49	50	49.5	46
	47.5	47	48	50	50	49.5	50.5	48	51	50
体重	2820	2970	3780	3010	3470	3540	3320	3450	3580	3000
	2860	2450	2760	4040	2380	2980	3040	3100	2820	3890

女子学生 20 人の身長（cm）と体重（kg）

身長	157	161	161	155	145	155	152	151	159	157
	157	154	165	157	154	157	151	164	145	155
体重	51	51	60	45	49	52	56	43	49	51
	48	53	58	49	48	50	47	55	46	54

8.3 2 つの 30 人学級 A, B があり，A は冬に乾布摩擦をし，B はしなかったとき，冬季 3 ヶ月間のカゼによる欠席日数が次の通りであった．欠席日数が正規分布に従い，他の条件は同じと考えたとき，乾布摩擦はカゼの予防に役立ったといえるか．

学級	平均	標準偏差	標本数
A	5.2	2.4	30
B	7.5	1.7	30

8.4 A 校から無作為に生徒 14 名を抽出し，同じく B 校から無作為に 12 名を選び，知能指数を比較したところ，A 校の平均 $\bar{x} = 115$, B 校の平均 $\bar{y} = 108$ を得た．両校に差があるといえるか．ただし，知能指数は $N(100, 15^2)$ の分布に従うとする．

8.5 ある県下で大規模な一斉テストの結果は 平均 54.2, 標準偏差 16.1 の正規分布であった. 長年優秀受験校として実績のある A 校からは 54 人, 普通校の B 校からは 38 人が受験しており, A 校は平均 61.2, 標準偏差 8.1, B 校は平均 55.8, 標準偏差 12.8 であった.

(1) A 校の生徒は優秀といえるか.
(2) A 校生よりも B 校生の成績のばらつきは大きいといえるか.
(3) A, B 両校の平均の差を検定せよ.

8.6 2 種類の部品 A, B について耐久力を調べた.

部品	平均	標準偏差	標本数
A	58.3	13.4	22
B	65.1	15.6	18

(1) A, B の両母平均の差の 95% 信頼区間を求め, 有意差を検討せよ.
(2) 検定の方法により有意差を検討せよ.

8.7 2 種類のコンクリートの強度として, 次のデータを得た. 強度（平均）, 強度の均一性（分散）について, 両者を比較せよ.

A : 40 45 50 48 46 41 49 38 51 45 48 51 55 50
B : 38 42 51 43 48 45 47 50 39 41 47 46

8.8 インフルエンザについて, 予防接種の有無と感染の有無のデータが次のようであった. 予防接種の効果はあるといえるか.

	感染	非感染
接種	18	67
非接種	45	65

8.9 ある世論調査において, ある意見の支持が次の通りであった. 男女の支持率の差の 95% 信頼区間を求めよ.

	男性	女性
支持する	55	48
支持しない	33	37

8.10 次のデータは 2 つの新聞 A, B の地域ごとの購読数である. 両新聞の購読傾向はどのようなものであるか.

新聞	住宅地	商業地
A	28	47
B	37	68

8.11 次の表は男子学生と女子学生 10 人ずつの身長，体重のデータである．

(1) それぞれの身長の分散は等しいといえるか．

(2) それぞれの体重の分散は等しいといえるか．

(3) 身長の分散が等しいといえるとき，身長の差の信頼区間を求めよ．

(4) 身長の分散が等しいといえるとき，体重の差の信頼区間を求めよ．

男子学生 10 人の身長（cm）と体重（kg）

身長（cm）	167	168	168	183	170	165	163	173	177	170
体重（kg）	59	58	65	76	62	53	59	70	62	62

女子学生 10 人の身長（cm）と体重（kg）

身長（cm）	155	152	151	159	157	157	154	165	157	154
体重（kg）	52	56	43	49	51	48	53	58	49	48

8.12 電球の 2 つのタイプ A, B からそれぞれ無作為に 10 個と 8 個の電球を取り出しそれらの寿命（時間）を測って次のようなデータを得た．

$$A : 1293 \quad 1385 \quad 1614 \quad 1497 \quad 1340$$
$$1466 \quad 1094 \quad 1270 \quad 1028 \quad 1645$$

$$B : 1061 \quad 1065 \quad 1383 \quad 1090 \quad 1021 \quad 1138 \quad 1070 \quad 1143$$

電球のタイプ A, B の寿命の間に差があるといえるか．

8.13 淀川河川敷におけるタンポポの 2 つの群落 A, B からそれぞれ無作為に 8 本ずつのタンポポをとり，その綿帽子の種子の個数を調べて次のようなデータを得た．

$$A : 150 \quad 163 \quad 161 \quad 130 \quad 147 \quad 145 \quad 138 \quad 168$$
$$B : 145 \quad 134 \quad 115 \quad 122 \quad 101 \quad 147 \quad 130 \quad 112$$

タンポポの群落 A, B の種子の個数はそれぞれ正規分布 $N(\mu_1, \sigma_1{}^2)$, $N(\mu_2, \sigma_2{}^2)$ に従っているとして，次の問に答えよ．

(1) 群落 A, B の種子の個数の分散 $\sigma_1{}^2$, $\sigma_2{}^2$ が等しいと仮定して，タンポポの群落 A, B の種子の個数の間に差があるといえるであろうか．

(2) 群落 A, B の種子の個数の分散 $\sigma_1{}^2$, $\sigma_2{}^2$ が等しいと仮定してよいか．

演習問題略解

演習問題 1

1.1 $\dfrac{12}{25} = 0.48$

1.2 （1） $\dfrac{1}{7}$　　（2） $\dfrac{2}{7}$

1.3 $\dfrac{169}{833} = 0.203$

1.4 （1） $P_1 = \dfrac{1}{2}$　　（2） $P_2 = \dfrac{1}{2}$　　（3） $P_3 = \dfrac{3}{4}$

1.5 $\dfrac{1}{8}$

1.6 （1） $P(X \leq 1) = 0.0563 + 0.1877 = 0.244$
（2） $P(Y \geq 1) = 1 - P(Y = 0) = 1 - 0.237 = 0.763$

1.7 （1） A, B が独立　　（2） A, B が独立

1.0 省略

1.9 省略

1.10 ベイズの定理から，$P(B_1 \mid B_2) = \dfrac{3}{13}$

1.11 確率は 0.7，参加者は 23 人．

演習問題 2

2.1 省略

2.2 省略

2.3 省略

2.4 $\bar{x} = 4.27$, $s^2 = 7.72$

2.5 粗データの場合，$\bar{x} = 49.42$, $s^2 = 2.18$, $s = 1.48$. 度数データの場合，$\bar{x} = 49.27$, $s^2 = 2.3$, $s = 1.52$.

2.6 位置の特性値：粗データの場合，$\bar{x} = 55.44$, $Me = 45$. 度数データの場合，$\bar{x} = 53.75$, $Me = 47$, $Mo = 33.42$.
ばらつきの特性値：粗データの場合，$s^2 = 1347.62$, $s = 36.71$, $R = 145$. 度数データの場合，$s^2 = 1418.44$, $s = 37.66$, $Q = 65$.

2.7 $r_{xy} = 0.43$

2.8 （1） 夫の年齢（x_1）は $\bar{x}_1 = 42.1$, $s_{x_1}^2 = 111.69$. 妻の年齢（y_1）は $\bar{y}_1 = 39.2$, $s_{y_1}^2 = 119.06$. 夫婦の年齢の相関係数は $r_{x_1 y_1} = 0.93$.
（2） 夫の身長（x_2）は $\bar{x}_2 = 169.69$, $s_{x_2}^2 = 31.52$. 妻の身長（y_2）は $\bar{y}_2 = 158.6$, $s_{y_2}^2 = 28.74$. 夫婦の身長の相関係数は $r_{x_2 y_2} = 0.33$.
（3） 夫の年齢（x_1）と身長（x_2）の相関係数は $r_{x_1 x_2} = -0.21$, 妻の年齢（x_1）と身長（x_2）の相関係数は $r_{y_1 y_2} = -0.38$.
夫婦の年齢の間には高い正の相関（0.93）があるのに対して，夫婦間の身長にはそれほど高い相関はみられないことがわかる．また，年齢と身長の間には夫婦とも低いながら負の相関がみられる．

2.9 $r_{xy} = 0.67$

2.10 州別の出生率に関する平均，分散，標準偏差を与えると以下のようになる．

州（大陸）別出生率の基本統計量

州	平均	分散	標準偏差
アジア	28.63	100.62	10.03
ヨーロッパ	11.82	5.70	2.39
アフリカ	40.84	57.97	7.61
北・中央アメリカ	24.44	70.70	8.41
南アメリカ	24.93	31.35	5.60
オセアニア	27.18	80.55	8.97

この結果より以下のことがわかる：

- アフリカが他の州に比べて最も平均出生率 (40.84) が高い.
- ヨーロッパは他の州に比べて最も平均出生率 (11.82) が低く,標準偏差も 2.39 でありばらつきが最も小さい.
- アジアはアフリカに次いで出生率 (28.63) が高く,ばらつきが他の州に比べて最も高い (標準偏差が 10.03 である).

演習問題 3

3.1 (1) 0.75   (2) 0.6   (3) $\frac{1}{3}$

3.2 (1) 0.067   (2) $n = 4$

3.3 (1) $F(x) = \frac{x^2}{R^2}$ $(0 \leq x \leq R)$, $f(x) = \frac{2x}{R^2}$
(2) $E(X) = \frac{2R}{3}$, $V(X) = \frac{1}{18}R^2$

3.4 (1) $E\{X(X-1)\} = \sigma^2 + \mu^2 - \mu$ (2) $E\{X(X+5)\} = \sigma^2 + \mu^2 + 5\mu$

3.5 $M(a) = E\{(X-a)^2\} = \sigma^2 + \mu^2 - 2a\mu + a^2$ を a で微分する.

3.6 X の確率関数を $f(x) = P(X = x)$ とするとき,

$$\mu = P(X \geq 1) + \sum_{x=2}^{\infty}(x-1)f(x)$$

と書ける.一般に,

$$\mu = \sum_{x=1}^{y} P(X \geq x) + \sum_{x=y+1}^{\infty}(x-y)f(x)$$

3.7 20 人の患者のうち X 人が治る確率は 2 項分布 $B_N(20, 0.15)$ に従うから,$P(X \geq 3) = 0.595$.

3.8 (1) $F(x) = 1 - \left(1 - \frac{x}{h}\right)^2$, $f(x) = \frac{2}{h}\left(1 - \frac{x}{h}\right)$
(2) $E(X) = \frac{h}{3}$, $V(X) = \frac{h^2}{18}$

3.9 (1) $\frac{7}{12}$ (2) $\frac{1}{3}$ (3) $\frac{1}{6}$ (4) $\frac{5}{12}$ (5) $\frac{1}{2}$

3.10 （1） $f(x) = \dfrac{1}{R^2} 2x \ (0 \leq x \leq R)$, $E(X) = \dfrac{2R}{3}$, $V(X) = \dfrac{R^2}{18}$
（2） $g(y) = \dfrac{1}{R^2} \ (0 \leq y \leq R^2)$, すなわち, Y は一様分布 $U(0, R^2)$ に従う.

3.11 $\mu = \dfrac{1}{4}$

3.12 （1） $P(X \leq 7) = P\left(\dfrac{X-5}{2} \leq \dfrac{7-5}{2}\right) = P(Z \leq 1) = 0.8413$
（2） $\mu = \sigma = 2$

3.13 0.04%

3.14 （1） $f(x) = 2e^{-2x} \ (x \geq 0)$ （1） 0.865

3.15 $E(X) = \dfrac{1}{3}\mu_1 + \dfrac{2}{3}\mu_2$, $V(X) = \dfrac{1}{3}\sigma_1^2 + \dfrac{2}{3}\sigma_2^2 + \dfrac{2}{9}(\mu_1 - \mu_2)^2$

演習問題 4

4.1 （1） $E(Z) = 2\mu$, $E(W) = 0$, $V(Z) = 2\sigma^2$, $V(W) = 2\sigma^2$, $\mathrm{Cov}(Z, W) = 0$
（2） $E(S) = (a+b)\mu$, $E(T) = (c+d)\mu$, $V(S) = (a^2+b^2)\sigma^2$, $V(T) = (c^2+d^2)\sigma^2$, $ac+bd = 0$

4.2 $E(Z) = p\mu_1 + (1-p)\mu_2$, $V(Z) = p\sigma_1^2 + (1-p)\sigma_2^2 + p(1-p)(\mu_1 - \mu_2)^2$

4.3 （1） 0.75 （2） $\dfrac{5}{12}$ （3） 0.75 （4） 0.25

4.4 （1） $f_1(x) = 4x^3 \ (0 \leq x \leq 1)$, $f_2(y) = 4y(1-y^2) \ (0 \leq y \leq 1)$
（2） $f_2(y \mid x) = \dfrac{2y}{x^2} \ (0 \leq y \leq x)$
（3） $E(X) = \dfrac{4}{5}$, $V(X) = \dfrac{2}{75}$, $E(Y) = \dfrac{8}{15}$, $V(Y) = \dfrac{11}{225}$, $\rho = \dfrac{4}{\sqrt{66}}$

4.5 $w = \dfrac{16}{18} = \dfrac{8}{9}$ のとき, 最小値 $\dfrac{80}{9}$ を取る.

4.6 $f(x, y) = \dfrac{1}{1-x} \ (0 < x < y < 1)$, $E(X) = \dfrac{1}{2}$, $V(X) = \dfrac{1}{12}$, $E(Y) = \dfrac{3}{4}$, $V(Y) = \dfrac{7}{144}$, $\mathrm{Corr}(X, Y) = \sqrt{\dfrac{3}{7}}$

4.7 （1） ポアソン分布の再生性により，$X+Y$ はポアソン分布 $Po(\lambda+\mu)$ に従う．
（2） 2項分布 $B_N\left(n, \dfrac{\lambda}{\lambda+\mu}\right)$ に従う．

4.8 正規分布の再生性から，合板の厚さ Y の分布は再び正規分布に従い，$Y \sim N(1.0, 0.05^2)$．

4.9 （1） $P(X \geq n) = (1-p)^n$
（2） Y は幾何分布 $G(q)$ に従うことから，$P(Y \geq n) = (1-q)^n$．

$$P(Z \geq n) = P(X \geq n)P(Y \geq n) = \{1-(p+q-pq)\}^n$$

より，Z は幾何分布 $G(p+q-pq)$ に従うことがわかる．

演習問題 5

5.1 Y の密度関数は $g(y) = \dfrac{1}{2}e^{-y/2}$

5.2 $0.334 = P(|X-4| \geq 2) \leq \dfrac{\sigma^2}{2^2} = 0.6$

5.3 $0.134 = P(|X-5| \geq 3) \leq \dfrac{\sigma^2}{3^2} = \dfrac{4}{9} = 0.444$

5.4 正確な2項分布の確率 $P(X \leq 3) = 0.25$ はポアソン分布の確率 $P(Y \leq 3) = 0.265$ で近似される．

5.5 正確な2項分布の確率 $P(3 < X \leq 6) = 0.616$ は正規分布の確率 $P(3.5 < Y \leq 6.5) = 0.620$ で近似される．ただし，上限と下限は半整数補正を行っている．

5.6

両側 α 点

α	0.20	0.10	0.05
$t_{10}(\alpha)$	1.372	1.812	2.228
$t_{20}(\alpha)$	1.325	1.725	2.086
$t_{30}(\alpha)$	1.310	1.697	2.042
$z(\alpha)$	1.282	1.645	1.960

5.7 自由度 $(1, \nu)$ のエフ分布 F_ν^1．

5.8 T は指数分布 $E_X(n\lambda)$ に従う．$E(T) = \dfrac{1}{n\lambda}$，$V(T) = \dfrac{1}{(n\lambda)^2}$．

5.9 $E\{F_n(t)\} = t$, $V\{F_n(t)\} = \dfrac{1}{n}t(1-t)$

5.10 $\mathrm{Cov}\{F_n(s), F_n(t)\} = \dfrac{1}{n}s(1-t)$

5.11 2項分布の正規分布近似を使う．

5.12 （1） ポアソン分布 $Po(6)$　　（2） ポアソン分布 $Po(10)$
（3） 2項分布 $B_N(10, 0.4)$

演習問題 6

6.1 （1） 2μ　　（2） μ^2　　（3） $2\sigma^2$　　（4） $\sigma^4 + 2\mu^2\sigma^2$

6.2 （1） $a+b=1$　　（2） $a=\dfrac{3}{4}$, $b=\dfrac{1}{4}$ のとき，最小分散 $\dfrac{3}{4}\sigma^2$

6.3 （1） $c_1 + \cdots + c_n = 1$　　（2） $c_1 = \cdots = c_n = \dfrac{1}{n}$, $T = \dfrac{1}{n}(X_1 + \cdots + X_n)$

6.4 $E(M) = \dfrac{n_1\mu_1 + n_2\mu_2}{n_1 + n_2}$, $V(M) = \dfrac{n_1\sigma_1{}^2 + n_2\sigma_2{}^2}{(n_1 + n_2)^2}$

6.5 （1） $g(t) = n\dfrac{t^{n-1}}{\theta^n}$　　（2） 省略

（3） $V(T_1) = \dfrac{\theta^2}{n(n+2)}$, $V(T_2) = \dfrac{\theta^2}{3n}$ であるから，$n=1$ のとき同じ有効性をもち，$n>1$ のとき T_1 は T_2 より有効である．

6.6 $V(T_1) = \dfrac{\lambda^2}{n}$, $V(T_2) = \lambda^2$. $T_1 = \bar{X}$ の方がより有効な推定量である．

6.7 $I = 18.260 \pm 0.196 = [18.064, 18.456]$

6.8 平均：$I = 13.390 \pm 0.717 = [12.673, 14.107]$, 分散：$I = [0.476, 3.351]$

6.9 90% 信頼区間は $I = 0.200 \pm 0.042 = [0.158, 0.242]$, 95% 信頼区間は $I = 0.200 \pm 0.05 = [0.15, 0.25]$.

6.10 23名から49名が視聴していれば，「視聴率が20%であった」，ということができる．

6.11 （1） $I = 326.900 \pm 3.678 = [323.222, 330.578]$
（2） $I = 326.900 \pm 3.936 = [322.964, 330.836]$, 分散：$I = [19.254, 110.605]$

演習問題 7

7.1 実現値 $z = -4.596$ は棄却域に含まれ,帰無仮説は棄却される.

7.2 (1) 実現値は $z = -1.886$ であり棄却域に含まれず,帰無仮説は棄却されない.
(2) 実現値は $z = -1.886$ であり棄却域に含まれ,帰無仮説は棄却される.

7.3 実現値 $z = -1.768$ は棄却域に含まれ,帰無仮説は棄却される.すなわち,製造方法の変更により不良率に改善があったといえる.

7.4 実現値 $t = 1.132$ は棄却域に含まれず,帰無仮説は棄却されない.

7.5 実現値 $t = 2.16$ は棄却域に含まれ,帰無仮説は棄却される.すなわち,この促進剤の効果はあったといえる.

7.6 (1) 実現値 $t = -1.869$ は棄却域に含まれず,帰無仮説は棄却されない.
(2) 実現値 $x = 8.658$ は棄却域に含まれず,帰無仮説は棄却されない.

7.7 実現値 $x = 5.269$ は棄却域に含まれず,帰無仮説は棄却されない.

7.8 実現値 $x = 37.946$ は棄却域に含まれず,帰無仮説は棄却されない.

7.9 実現値 $z = -0.244$ は棄却域に含まれず,帰無仮説は棄却されない.すなわち,30% の賛成を得たと考えてよい.

7.10 実現値 $z = 1.058$ は棄却域に含まれず,帰無仮説は棄却されない.すなわち,この結果はメンデルの法則に従っているといえる.

7.11 実現値 $t = -3.01$ は棄却域に含まれ,帰無仮説は棄却される.すなわち,喫煙の前後の脈拍数に有意差がある.

演習問題 8

8.1 (1) $I = 110.900 \pm 36.052 = [74.848, 146.952]$
(2) 実現値 $F = 1.10$ は棄却域に含まれず,帰無仮説は棄却されない.すなわち,夫婦の身長は共通分散をもつと考えてよい.

8.2 （1） $I = [6.988, 32.852]$　　（2）　$I = [41.575, 195.457]$

8.3　実現値 $z = -4.283$ は棄却域に含まれ，帰無仮説は棄却される．すなわち，乾布摩擦はカゼの予防に役立ったといえる．

8.4　実現値 $z = 1.186$ は棄却域に含まれず，帰無仮説は棄却されない．すなわち，両校に有意差はない．

8.5（1）　実現値 $z = 3.195$ は棄却域に含まれ，帰無仮説は棄却される．すなわち，A 校の生徒は優秀といえる．
（2）　実現値 $\hat{r} = 2.497$ は棄却域に含まれ，帰無仮説は棄却される．すなわち，B 校生の成績のばらつきは A 校生の成績のばらつきより大きいといえる．
（3）　実現値 $z = 2.297$ は棄却域に含まれ，帰無仮説は棄却される．すなわち，A 校の生徒は B 校の生徒に比べて優秀であるといえる．

8.6（1）　$I = -6.800 \pm 9.281 = [-16.081, 2.481]$．この信頼区間に，0 が含まれているので，A, B に差があるとはいえない．
（2）　実現値 $t = -1.483$ は棄却域に含まれず，帰無仮説は棄却されない．すなわち，A, B に有意差はない．

8.7　実現値 $t = 1.229$ は棄却域に含まれず，帰無仮説は棄却されない．すなわち，コンクリートの強度に有意差はない．

8.8　実現値 $z = -3.059$ は棄却域に含まれ，帰無仮説は棄却される．すなわち，予防接種の効果はあるといえる．

8.9　$I = 0.060 \pm 0.146 = [-0.086, 0.206]$．この信頼区間に，0 が含まれているので，男女の支持率に差があるとはいえない．

8.10　実現値 $z = 0.288$ は棄却域に含まれず，帰無仮説は棄却されない．すなわち，新聞 A, B により住宅地における購読率に有意差はない．

8.11（1）　実現値 $\hat{r} = 2.214$ は棄却域に含まれず，帰無仮説は棄却されない．すなわち，男女大学生の身長は共通分散をもつと考えてよい．
（2）　実現値 $\hat{r} = 2.263$ は棄却域に含まれず，帰無仮説は棄却されない．すなわち，男女大学生の体重は共通分散をもつと考えてよい．

（3） $I = 14.300 \pm 4.746 = [9.554,\ 19.046]$

（4） $I = 11.900 \pm 5.187 = [6.713,\ 17.087]$

8.12 実現値 $t = 3.01$ は棄却域に含まれ，帰無仮説は棄却される．すなわち，電球のタイプ A, B の寿命の間には有意差があるといえる．

8.13 （1） 実現値 $t = 3.330$ は棄却域に含まれ，帰無仮説は棄却される．すなわち，タンポポの群落 A, B の間には有意差がある．

（2） 実現値 $F = 0.648$ は棄却域に含まれず，帰無仮説は棄却されない．すなわち，タンポポの群落 A, B の種子の個数は共通分散をもつと考えてよい．

公式とまとめ

公 式 集

集合:
$$A \cap (B \cup C) = (A \cap B) \cup (A \cap C)$$
$$A \cup (B \cap C) = (A \cup B) \cap (A \cup C)$$
$$(A \cup B)^c = A^c \cap B^c, \quad (A \cap B)^c = A^c \cup B^c$$
（ド・モルガンの法則）

2 項係数: $\displaystyle {}_n\mathrm{C}_r = \frac{n!}{r!\,(n-r)!}, \quad n! = n(n-1)(n-2)\cdots 2\cdot 1, \quad 0! = 1$

$${}_n\mathrm{C}_r = {}_n\mathrm{C}_{n-r}, \quad {}_n\mathrm{C}_r = {}_{n-1}\mathrm{C}_{r-1} + {}_{n-1}\mathrm{C}_r$$

$$(a+b)^n = \sum_{r=0}^{n} {}_n\mathrm{C}_r a^{n-r} b^r \quad (\text{2 項定理})$$

累乗の和: $\displaystyle \sum_{k=1}^{n} k = \frac{n(n+1)}{2}, \quad \sum_{k=1}^{n} k^2 = \frac{n(n+1)(2n+1)}{6}$

部分積分: $\displaystyle \int_b^a f(x)g'(x)\,dx = \Big[f(x)g(x)\Big]_b^a - \int_b^a f'(x)g(x)\,dx$

指数関数の展開式:

$$e^x = \sum_{n=0}^{\infty} \frac{x^n}{n!}$$

標準正規分布の密度関数と分布関数:

$$\phi(z) = \frac{1}{\sqrt{2\pi}} e^{-\frac{z^2}{2}}$$

$$\Phi(t) = \int_{-\infty}^{t} \phi(z)\,dz, \quad \Phi(\infty) = \int_{-\infty}^{\infty} \phi(z)\,dz = 1$$

データの特性値

平均:
$$\bar{x} = \frac{1}{n}\sum_{i=1}^{n} x_i \quad (\text{粗データ})$$

$$\bar{x} = \frac{1}{n}\sum_{j=1}^{k} c_j f_j \quad (\text{度数データ})$$

分散:
$$s^2 = \frac{1}{n}\sum_{i=1}^{n}(x_i - \bar{x})^2 = \frac{1}{n}\sum_{i=1}^{n} x_i^2 - \bar{x}^2 \quad (\text{粗データ})$$

$$s^2 = \frac{1}{n}\sum_{j=1}^{k}(c_j - \bar{x})^2 f_j = \frac{1}{n}\sum_{j=1}^{k} c_j^2 f_j - \bar{x}^2 \quad (\text{度数データ})$$

標準偏差: $s = \sqrt{s^2}$

不偏分散:
$$u^2 = \frac{1}{n-1}\sum_{i=1}^{n}(x_i - \bar{x})^2 \quad (\text{粗データ})$$

$$u^2 = \frac{1}{n-1}\sum_{j=1}^{k}(c_j - \bar{x})^2 f_j \quad (\text{度数データ})$$

(不偏) 標準偏差:
$$u = \sqrt{u^2}$$

共分散:
$$s_{xy} = \frac{1}{n}\sum_{i=1}^{n}(x_i - \bar{x})(y_i - \bar{y}) = \frac{1}{n}\sum_{i=1}^{n} x_i y_i - \bar{x}\bar{y} \quad (\text{粗データ})$$

$$s_{xy} = \frac{1}{n}\sum_{h=1}^{k}\sum_{j=1}^{l}(c_h - \bar{x})(d_j - \bar{y}) f_{hj} \quad (\text{度数データ})$$

$$= \frac{1}{n}\sum_{h=1}^{k}\sum_{j=1}^{l} c_h d_j f_{hj} - \bar{x}\bar{y}$$

相関係数: $r = \dfrac{s_{xy}}{s_x s_y}$

確 率 変 数

平均： $\mu = E(X) = \begin{cases} \displaystyle\sum_{i=1}^{n} x_i p_i & \text{（離散型）} \\ \displaystyle\int_{-\infty}^{\infty} x f(x)\, dx & \text{（密度型）} \end{cases}$

分散： $\sigma^2 = V(X) = E\{(X - \mu)^2\}$

$= \begin{cases} \displaystyle\sum_{i=1}^{n} (x_i - \mu)^2 p_i & \text{（離散型）} \\ \displaystyle\int_{-\infty}^{\infty} (x - \mu)^2 f(x)\, dx & \text{（密度型）} \end{cases}$

$V(X) = E(X^2) - \{E(X)\}^2 \qquad \langle \text{分散公式} \rangle$

標準偏差： $\sigma = \sqrt{V(X)}$

共分散： $\sigma_{12} = \mathrm{Cov}(X, Y) = E\{(X - \mu_1)(Y - \mu_2)\}$

$= \begin{cases} \displaystyle\sum_{i=1}^{r}\sum_{j=1}^{c} (x_i - \mu_1)(y_j - \mu_2) p(x_i, y_j) & \text{（離散型）} \\ \displaystyle\int_{-\infty}^{\infty}\int_{-\infty}^{\infty} (x - \mu_1)(y - \mu_2) f(x, y)\, dxdy & \text{（密度型）} \end{cases}$

$\mathrm{Cov}(X, Y) = E(XY) - E(X)E(Y) \qquad \langle \text{共分散公式} \rangle$

相関係数： $\rho = \mathrm{Corr}(X, Y) = \dfrac{\mathrm{Cov}(X, Y)}{\sqrt{V(X)V(Y)}} = \dfrac{\sigma_{12}}{\sigma_1 \sigma_2}$

確率分布

ベルヌーイ分布 $Ber(p)$：
$$p(\varepsilon) = p^\varepsilon (1-p)^{1-\varepsilon} \quad (\varepsilon = 0, 1), \quad E(\varepsilon) = p, \quad V(\varepsilon) = p(1-p)$$

2項分布 $B_N(n, p)$：
$$p(x) = {}_nC_x \, p^x (1-p)^{n-x} \ (x = 0, 1, \ldots, n)$$
$$E(X) = np, \quad V(X) = np(1-p)$$

ポアソン分布 $Po(\lambda)$：
$$p(x) = e^{-\lambda} \frac{\lambda^x}{x!} \ (x = 0, 1, 2, \ldots), \quad E(X) = V(X) = \lambda$$

一様分布 $U(\alpha, \beta)$：
$$f(x) = \frac{1}{\beta - \alpha} \ (\alpha \leq x \leq \beta), \quad E(X) = \frac{\alpha + \beta}{2}, \quad V(X) = \frac{(\beta - \alpha)^2}{12}$$

指数分布 $E_X(\lambda)$：
$$f(x) = \lambda e^{-\lambda x} \ (x > 0, \ \lambda > 0), \quad E(X) = \frac{1}{\lambda}, \quad V(X) = \frac{1}{\lambda^2}$$

正規分布 $N(\mu, \sigma^2)$：
$$f(x) = \frac{1}{\sqrt{2\pi}\,\sigma} \exp\left\{-\frac{(x-\mu)^2}{2\sigma^2}\right\} \ (-\infty < x < \infty),$$
$$E(X) = \mu, \quad V(X) = \sigma^2$$

カイ2乗分布 χ^2_ν：
$$E(X) = \nu, \quad V(X) = 2\nu$$

ティー分布 t_ν：
$$E(T) = 0 \ (\nu \geq 2), \quad V(T) = \frac{\nu}{\nu - 2} \ (\nu \geq 3)$$

エフ分布 $F^{\nu_1}_{\nu_2}$：
$$E(F) = \frac{\nu_2}{\nu_2 - 2} \ (\nu_2 \geq 3), \quad V(F) = \frac{2\nu_2^2(\nu_1 + \nu_2 - 2)}{\nu_1(\nu_2 - 2)^2(\nu_2 - 4)} \ (\nu_2 \geq 5)$$

付　表

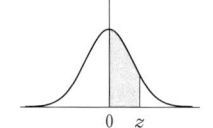

付表 1　標準正規分布表

$P(0 \leq Z \leq z)$

z	.00	.01	.02	.03	.04	.05	.06	.07	.08	.09
0.0	.0000	.0040	.0080	.0120	.0160	.0199	.0239	.0279	.0319	.0359
0.1	.0398	.0438	.0478	.0517	.0557	.0596	.0636	.0675	.0714	.0753
0.2	.0793	.0832	.0871	.0910	.0948	.0987	.1026	.1064	.1103	.1141
0.3	.1179	.1217	.1255	.1293	.1311	.1368	.1406	.1443	.1480	.1517
0.4	.1554	.1591	.1628	.1664	.1700	.1736	.1772	.1808	.1844	.1879
0.5	.1915	.1950	.1985	.2019	.2054	.2088	.2123	.2157	.2190	.2224
0.6	.2257	.2291	.2324	.2357	.2389	.2422	.2454	.2486	.2517	.2549
0.7	.2580	.2611	.2642	.2673	.2703	.2734	.2764	.2794	.2823	.2852
0.8	.2881	.2910	.2939	.2967	.2995	.3023	.3051	.3078	.3106	.3133
0.9	.3159	.3186	.3212	.3238	.3264	.3289	.3315	.3340	.3365	.3389
1.0	.3413	.3438	.3461	.3485	.3508	.3531	.3554	.3577	.3599	.3621
1.1	.3643	.3665	.3686	.3708	.3729	.3749	.3770	.3790	.3810	.3830
1.2	.3849	.3869	.3888	.3907	.3925	.3944	.3962	.3980	.3997	.4015
1.3	.4032	.4049	.4066	.4082	.4099	.4115	.4131	.4147	.4162	.4177
1.4	.4192	.4207	.4222	.4236	.4251	.4265	.4279	.4292	.4306	.4319
1.5	.4332	.4345	.4357	.4370	.4382	.4394	.4406	.4418	.4429	.4441
1.6	.4452	.4463	.4474	.4484	.4495	.4505	.4515	.4525	.4535	.4545
1.7	.4554	.4564	.4573	.4582	.4591	.4599	.4608	.4616	.4625	.4633
1.8	.4641	.4649	.4656	.4664	.4671	.4678	.4686	.4693	.4699	.4706
1.9	.4713	.4719	.4726	.4732	.4738	.4744	.4750	.4756	.4761	.4767
2.0	.4772	.4778	.4783	.4788	.4793	.4798	.4803	.4808	.4812	.4817
2.1	.4821	.4826	.4830	.4834	.4838	.4842	.4846	.4850	.4854	.4857
2.2	.4861	.4864	.4868	.4871	.4875	.4878	.4881	.4884	.4887	.4890
2.3	.4893	.4896	.4898	.4901	.4904	.4906	.4909	.4911	.4913	.4916
2.4	.4918	.4920	.4922	.4925	.4927	.4929	.4931	.4932	.4934	.4936
2.5	.4938	.4940	.4941	.4943	.4945	.4946	.4948	.4949	.4951	.4952
2.6	.4953	.4955	.4956	.4957	.4959	.4960	.4961	.4962	.4963	.4964
2.7	.4965	.4966	.4967	.4968	.4969	.4970	.4971	.4972	.4973	.4974
2.8	.4974	.4975	.4976	.4977	.4977	.4978	.4979	.4979	.4980	.4981
2.9	.4981	.4982	.4982	.4983	.4984	.4984	.4985	.4985	.4986	.4986
3.0	.4987	.4987	.4987	.4988	.4988	.4989	.4989	.4989	.4990	.4990

付表2 ティー分布表

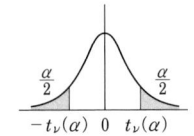

自由度 ν のティー分布の両側 α 点

ν \ α	.90	.80	.70	.60	.50	.40	.30	.20	.10	.05	.02	.01
1	.158	.325	.510	.727	1.000	1.376	1.963	3.078	6.314	12.706	31.821	63.657
2	.142	.289	.445	.617	.816	1.061	1.386	1.886	2.920	4.303	6.965	9.925
3	.137	.277	.424	.584	.765	.978	1.250	1.638	2.353	3.182	4.541	5.841
4	.134	.271	.414	.569	.741	.941	1.190	1.533	2.132	2.776	3.747	4.604
5	.132	.267	.408	.559	.727	.920	1.156	1.476	2.015	2.571	3.365	4.032
6	.131	.265	.404	.553	.718	.906	1.134	1.440	1.943	2.447	3.143	3.707
7	.130	.263	.402	.549	.711	.896	1.119	1.415	1.895	2.365	2.998	3.499
8	.130	.262	.399	.546	.706	.889	1.108	1.397	1.860	2.306	2.896	3.355
9	.129	.261	.398	.543	.703	.883	1.100	1.383	1.833	2.262	2.821	3.250
10	.129	.260	.397	.542	.700	.879	1.093	1.372	1.812	2.228	2.764	3.169
11	.129	.260	.396	.540	.697	.876	1.088	1.363	1.796	2.201	2.718	3.106
12	.128	.259	.395	.539	.695	.873	1.083	1.356	1.782	2.179	2.681	3.055
13	.128	.259	.394	.538	.694	.870	1.079	1.350	1.771	2.160	2.650	3.012
14	.128	.258	.393	.537	.692	.868	1.076	1.345	1.761	2.145	2.624	2.977
15	.128	.258	.393	.536	.691	.866	1.074	1.341	1.753	2.131	2.602	2.947
16	.128	.258	.392	.535	.690	.865	1.071	1.337	1.746	2.120	2.583	2.921
17	.128	.257	.392	.534	.689	.863	1.069	1.333	1.740	2.110	2.567	2.898
18	.127	.257	.392	.534	.688	.862	1.067	1.330	1.734	2.101	2.552	2.878
19	.127	.257	.391	.533	.688	.861	1.066	1.328	1.729	2.093	2.539	2.861
20	.127	.257	.391	.533	.687	.860	1.064	1.325	1.725	2.086	2.528	2.845
21	.127	.257	.391	.532	.686	.859	1.063	1.323	1.721	2.080	2.518	2.831
22	.127	.256	.390	.532	.686	.858	1.061	1.321	1.717	2.074	2.508	2.819
23	.127	.256	.390	.532	.685	.858	1.060	1.319	1.714	2.069	2.500	2.807
24	.127	.256	.390	.531	.685	.857	1.059	1.318	1.711	2.064	2.492	2.797
25	.127	.256	.390	.531	.684	.856	1.058	1.316	1.708	2.060	2.485	2.787
26	.127	.256	.390	.531	.684	.856	1.058	1.315	1.706	2.056	2.479	2.779
27	.127	.256	.389	.531	.684	.855	1.057	1.314	1.703	2.052	2.473	2.771
28	.127	.256	.389	.530	.683	.855	1.056	1.313	1.701	2.048	2.467	2.763
29	.127	.256	.389	.530	.683	.854	1.055	1.311	1.699	2.045	2.462	2.756
30	.127	.256	.389	.530	.683	.854	1.055	1.310	1.697	2.042	2.457	2.750
40	.126	.255	.388	.529	.681	.851	1.050	1.303	1.684	2.021	2.423	2.704
60	.126	.254	.387	.527	.679	.848	1.046	1.296	1.671	2.000	2.390	2.660
120	.126	.254	.386	.526	.677	.845	1.041	1.289	1.685	1.980	2.358	2.617
∞	.126	.253	.385	.524	.674	.842	1.036	1.282	1.645	1.960	2.326	2.576

付表 3　カイ 2 乗分布表

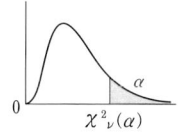

自由度 ν のカイ 2 乗分布の上側 α 点

ν \ α	.99	.975	.95	.90	.70	.50	.30	.10	.05	.025	.01
1	.000157	.00098	.00393	.0158	.148	.455	1.074	2.706	3.841	5.0238	6.635
2	.0201	.0506	.103	.211	.713	1.386	2.408	4.605	5.991	7.3780	9.210
3	.115	.216	.352	.584	1.424	2.366	3.665	6.251	7.815	9.348	11.345
4	.297	.484	.711	1.064	2.195	3.357	4.878	7.779	9.488	11.243	13.277
5	.554	.831	1.145	1.610	3.000	4.351	6.064	9.236	11.070	12.832	15.086
6	.872	1.237	1.635	2.204	3.828	5.348	7.231	10.645	12.592	14.449	16.812
7	1.239	1.690	2.167	2.833	4.671	6.346	8.383	12.017	14.067	16.013	18.475
8	1.646	2.180	2.733	3.490	5.527	7.344	9.524	13.362	15.507	17.535	20.090
9	2.088	2.700	3.325	4.168	6.393	8.343	10.656	14.684	16.919	19.023	21.666
10	2.558	3.247	3.940	4.865	7.267	9.342	11.781	15.987	18.307	20.483	23.209
11	3.053	3.816	4.575	5.578	8.148	10.341	12.899	17.275	19.675	21.920	24.725
12	3.571	4.404	5.226	6.304	9.034	11.340	14.011	18.549	21.026	23.337	26.217
13	4.107	5.009	5.892	7.042	9.926	12.340	15.119	19.812	22.362	24.736	27.688
14	4.660	5.629	6.571	7.790	10.821	13.339	16.222	21.064	23.685	26.119	29.141
15	5.229	6.262	7.261	8.547	11.721	14.339	17.322	22.307	24.996	27.488	30.578
16	5.812	6.908	7.962	9.312	12.624	15.338	18.418	23.542	26.296	28.845	32.000
17	6.408	7.564	8.672	10.085	13.531	16.338	19.511	24.769	27.587	30.191	33.409
18	7.015	8.231	9.390	10.865	14.440	17.338	20.601	25.989	28.869	31.526	34.805
19	7.633	8.907	10.117	11.651	15.352	18.338	21.689	27.204	30.144	32.852	36.191
20	8.260	9.591	10.851	12.443	16.266	19.337	22.775	28.412	31.410	34.170	37.566
21	8.897	10.283	11.591	13.240	17.182	20.337	23.858	29.615	32.671	35.479	38.932
22	9.542	10.982	12.338	14.041	18.101	21.337	24.939	30.813	33.924	36.781	40.289
23	10.196	11.689	13.091	14.848	19.021	22.337	26.018	32.007	35.172	38.076	41.638
24	10.856	12.401	13.848	15.659	19.943	23.337	27.096	33.196	36.415	39.364	42.980
25	11.524	13.120	14.611	16.473	20.867	24.337	28.172	34.382	37.652	40.646	44.314
26	12.198	13.844	15.379	17.292	21.792	25.336	29.246	35.563	38.885	41.923	45.642
27	12.879	14.573	16.151	18.114	22.719	26.336	30.319	36.741	40.113	43.194	46.963
28	13.565	15.308	16.928	18.939	23.647	27.336	31.391	37.916	41.337	44.461	48.278
29	14.256	16.047	17.708	19.768	24.577	28.336	32.461	39.087	42.557	45.722	49.588
30	14.953	16.791	18.493	20.599	25.508	29.336	33.530	40.256	43.773	46.979	50.892

付表 4 エフ分布表 (1)

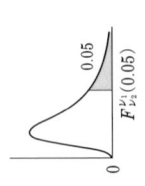

自由度 (ν_1, ν_2) のエフ分布の上側 5% 点

ν_2 \ ν_1	1	2	3	4	5	6	7	8	9	10	11	12	14	16	20	24	30	40	50	∞
1	161	200	216	225	230	234	237	239	241	242	243	244	245	246	248	249	250	251	252	254
2	18.51	19.00	19.16	19.25	19.30	19.33	19.36	19.37	19.38	19.39	19.40	19.41	19.42	19.43	19.44	19.45	19.46	19.47	19.47	19.50
3	10.13	9.55	9.28	9.12	9.01	8.94	8.88	8.84	8.81	8.78	8.76	8.74	8.71	8.69	8.66	8.64	8.62	8.60	8.58	8.53
4	7.71	6.94	6.59	6.39	6.26	6.16	6.09	6.04	6.00	5.96	5.93	5.91	5.87	5.84	5.80	5.77	5.74	5.71	5.70	5.63
5	6.61	5.79	5.41	5.19	5.05	4.95	4.88	4.82	4.78	4.74	4.70	4.68	4.64	4.60	4.56	4.53	4.50	4.46	4.44	4.36
6	5.99	5.14	4.76	4.53	4.39	4.28	4.21	4.15	4.10	4.06	4.03	4.00	3.96	3.92	3.87	3.84	3.81	3.77	3.75	3.67
7	5.59	4.74	4.35	4.12	3.97	3.87	3.79	3.73	3.68	3.63	3.60	3.57	3.52	3.49	3.44	3.41	3.38	3.34	3.32	3.23
8	5.32	4.46	4.07	3.84	3.69	3.58	3.50	3.44	3.39	3.34	3.31	3.28	3.23	3.20	3.15	3.12	3.08	3.05	3.03	2.93
9	5.12	4.26	3.86	3.63	3.48	3.37	3.29	3.23	3.18	3.13	3.10	3.07	3.02	2.98	2.93	2.90	2.86	2.82	2.80	2.71
10	4.96	4.10	3.71	3.48	3.33	3.22	3.14	3.07	3.02	2.97	2.94	2.91	2.86	2.82	2.77	2.74	2.70	2.67	2.64	2.54
11	4.84	3.98	3.59	3.36	3.20	3.09	3.01	2.95	2.90	2.86	2.82	2.79	2.74	2.70	2.65	2.61	2.57	2.53	2.50	2.40
12	4.75	3.88	3.49	3.26	3.11	3.00	2.92	2.85	2.80	2.76	2.72	2.69	2.64	2.60	2.54	2.50	2.46	2.42	2.40	2.30
13	4.67	3.80	3.41	3.18	3.02	2.92	2.84	2.77	2.72	2.67	2.63	2.60	2.55	2.51	2.46	2.42	2.38	2.34	2.32	2.21
14	4.60	3.74	3.34	3.11	2.96	2.85	2.77	2.70	2.65	2.60	2.56	2.53	2.48	2.44	2.39	2.35	2.31	2.27	2.24	2.13
15	4.54	3.68	3.29	3.06	2.90	2.79	2.70	2.64	2.59	2.55	2.51	2.48	2.43	2.39	2.33	2.29	2.25	2.21	2.18	2.07
16	4.49	3.63	3.24	3.01	2.85	2.74	2.66	2.59	2.54	2.49	2.45	2.42	2.37	2.33	2.28	2.24	2.20	2.16	2.13	2.01
17	4.45	3.59	3.20	2.96	2.81	2.70	2.62	2.55	2.50	2.45	2.41	2.38	2.33	2.29	2.23	2.19	2.15	2.11	2.08	1.96
18	4.41	3.55	3.16	2.93	2.77	2.66	2.58	2.51	2.46	2.41	2.37	2.34	2.29	2.25	2.19	2.15	2.11	2.07	2.04	1.92
19	4.38	3.52	3.13	2.90	2.74	2.63	2.55	2.48	2.43	2.38	2.34	2.31	2.26	2.21	2.15	2.11	2.07	2.02	2.00	1.88

付表 5　エフ分布表 (2)

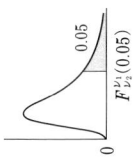

自由度 (ν_1, ν_2) のエフ分布の上側 5% 点　$F_{\nu_2}^{\nu_1}(0.05)$

ν_2 \ ν_1	1	2	3	4	5	6	7	8	9	10	11	12	14	16	20	24	30	40	50	∞
20	4.35	3.49	3.10	2.87	2.71	2.60	2.52	2.45	2.40	2.35	2.31	2.28	2.23	2.18	2.12	2.08	2.04	1.99	1.96	1.84
21	4.32	3.47	3.07	2.84	2.68	2.57	2.49	2.42	2.37	2.32	2.28	2.25	2.20	2.15	2.09	2.05	2.00	1.96	1.93	1.81
22	4.30	3.44	3.05	2.82	2.66	2.55	2.47	2.40	2.35	2.30	2.26	2.23	2.18	2.13	2.07	2.03	1.98	1.93	1.91	1.78
23	4.28	3.42	3.03	2.80	2.64	2.53	2.45	2.38	2.32	2.28	2.24	2.20	2.14	2.10	2.04	2.00	1.96	1.91	1.88	1.76
24	4.26	3.40	3.01	2.78	2.62	2.51	2.43	2.36	2.30	2.26	2.22	2.18	2.13	2.09	2.02	1.98	1.94	1.89	1.86	1.73
25	4.24	3.38	2.99	2.76	2.60	2.49	2.41	2.34	2.28	2.24	2.20	2.16	2.11	2.06	2.00	1.96	1.92	1.87	1.84	1.71
26	4.22	3.37	2.89	2.74	2.59	2.47	2.39	2.32	2.27	2.22	2.18	2.15	2.10	2.05	1.99	1.95	1.90	1.85	1.82	1.69
27	4.21	3.35	2.96	2.73	2.57	2.46	2.37	2.30	2.25	2.20	2.16	2.13	2.08	2.03	1.97	1.93	1.88	1.84	1.80	1.67
28	4.20	3.34	2.95	2.71	2.56	2.44	2.36	2.29	2.24	2.19	2.15	2.12	2.06	2.02	1.96	1.91	1.87	1.81	1.78	1.65
29	4.18	3.33	2.93	2.70	2.54	2.43	2.35	2.28	2.22	2.18	2.14	2.10	2.05	2.00	1.94	1.90	1.85	1.80	1.77	1.64
30	4.17	3.32	2.92	2.69	2.53	2.42	2.34	2.27	2.21	2.16	2.12	2.09	2.04	1.99	1.93	1.89	1.84	1.79	1.76	1.62
32	4.15	3.30	2.90	2.67	2.51	2.40	2.32	2.25	2.19	2.14	2.10	2.07	2.02	1.97	1.91	1.86	1.82	1.76	1.74	1.59
34	4.13	3.28	2.88	2.65	2.49	2.38	2.30	2.23	2.17	2.12	2.08	2.05	2.00	1.95	1.89	1.84	1.80	1.74	1.71	1.57
36	4.11	3.26	2.86	2.63	2.48	2.36	2.28	2.21	2.15	2.10	2.06	2.03	1.99	1.93	1.87	1.82	1.78	1.72	1.69	1.55
38	4.10	3.25	2.85	2.62	2.46	2.35	2.26	2.19	2.14	2.09	2.05	2.02	1.96	1.92	1.85	1.80	1.76	1.71	1.67	1.53
40	4.08	3.23	2.84	2.61	2.45	2.34	2.25	2.18	2.12	2.07	2.04	2.00	1.95	1.90	1.84	1.79	1.74	1.69	1.66	1.51
50	4.03	3.18	2.79	2.56	2.40	2.29	2.20	2.13	2.07	2.02	1.98	1.95	1.90	1.85	1.78	1.74	1.69	1.63	1.60	1.44
∞	3.84	2.99	2.60	2.37	2.21	2.09	2.01	1.94	1.88	1.83	1.79	1.75	1.69	1.64	1.57	1.52	1.46	1.40	1.35	1.00

索　　引

T

t-検定	117
t-変換	90

Z

z-検定	114
z-スコア	28
z-値	28
z-変換	28, 47

ア

位置	22
1 標本問題	125
一様分布	44
上側 $100\alpha\%$ 点	87
上側 α 点	87
エフ分布	90

カ

カイ 2 乗値	87
カイ 2 乗分布	86
階級	18
——数	18
——値	18
——幅	18
階乗	51
階段関数	42
確率	3, 4
——関数	41
——分布	42
——分布表	65
仮説検定	110
片側仮説	111
偏り	98
加法定理	5
ガンマ関数	86
棄却	112
——域	112
危険率	112
記述統計	1
期待値	45
帰無仮説	110
強度	53
共分散	34, 67
——公式	37, 67
空事象	5
区間推定	99
組み合わせの数	50
経験的確率	3
経験分布関数	95
検定統計量	112
検定問題	97
公理論的確率	4
古典的確率	3
根元事象	3

サ

最小値	18
最大値	18
採択	112
——域	112
最頻値	23
3 項分布	69
散布図	32
事後確率	11
事象	4
指数関数	54
指数分布	54
事前確率	10
自然対数の底	53
四分位点	25
四分位範囲	26
従属	7, 66, 74
自由度	86
周辺確率	65
——関数	65
周辺度数分布	31
周辺ヒストグラム	31
周辺分布	65
周辺密度関数	66
条件付き確率	7
条件付き確率関数	66
条件付き分布	66
条件付き平均	66, 67

条件付き密度関数	66	
乗法定理	8	
信頼区間	99	
$100(1-\alpha)$%—	100	
信頼係数	99, 100	
信頼限界	100	
推測統計	2	
推定値	98	
推定問題	97	
推定量	98	
正規2標本問題	126	
正規分布	56	
2次元—	73	
—の再生性	73	
積事象	5	
全確率の公式	10	
全数調査	79	
層	10	
相関係数	34, 67	
相関表	33	
相対度数	20	
相対頻度	3	
層別	10	
双峰型	21	
粗データ	18	

タ

大数の法則	92	
対立仮説	110	
互いに素	5	
互いに排反	5	
多次元確率ベクトル	64	
多変量確率変数	64	
単純仮説	110	
チェビシェフの不等式	91	
中央値	23	
柱状図	19	
中心極限定理	92	
散らばり	24	
ティー値	89	
ティー分布	88	
データ処理	1	
統計的確率	3	
統計的推測	80	
統計量	80	
同時確率	65	
—関数	65	
同時度数	33	
同時分布	65	
同時密度関数	66	
独立	7, 66, 74	
—で同一分布に従う	75	
度数	18	
—多角形	19	
—分布表	18	

ナ

2項定理	50	
2項分布	51	
2次元確率ベクトル	64	
2次元データ	30	
2値確率変数	43	
2標本問題	125	
2変量確率変数	64	

ハ

範囲	18, 25	
ヒストグラム	19	
左側仮説	110
非復元抽出	80
標準化	28, 47
標準正規分布	56
標準得点	28
標準偏差	25, 45
標本	79
—抽出	79
—調査	79
—の大きさ	81
—比率	105
—分散	46
—分布	81
—平均	46
比率	20
拡がり	24
頻度論的確率	3
復元抽出	80
複合仮説	110
不偏	98
—推定量	98
—標本分散	84
—分散	25, 84
分散	25, 45
—公式	46
分布	42
—関数	42
平均	45
—値	22
—偏差	25
ベイズの定理	11
ベーレンス–フィッシャー 問題	134
ベルヌーイ試行	43, 50

索　　引

ベルヌーイ分布	43	密度関数	41	**ラ**	
偏差	25	無限母集団	79	離散型確率変数	40
——値	28	無作為抽出	80	両側 $100\alpha\%$ 点	59, 89
変動係数	63	無作為標本	81	両側 α 点	89
ポアソン分布	52	無相関	34	両側 α 確率点	59
母集団	79	メディアン	23	両側仮説	110
母数	97	モード	23	累積相対度数	20
母比率	105			累積度数	20
母分散	46	**ヤ**		累積比率	20
母平均	46	有意水準	112	累積比率図	20
		有意抽出法	80	連続型確率変数	40
マ		有限母集団	79		
右側仮説	110	有効	99	**ワ**	
密度型	42	余事象	5	和事象	5

著者略歴

稲垣 宣生(いながき のぶお)
大阪大学理学部数学科卒業
同大学院基礎工学研究科数理系専攻修士課程修了
現在　大阪大学名誉教授

吉田 光雄(よしだ みつお)
大阪大学文学部哲学科心理学専攻卒業
同大学院文学研究科心理学専攻修士課程修了
現在　大阪大学名誉教授

山根 芳知(やまね よしとも)
京都大学理学部数学科卒業
現在　甲南大学名誉教授，岡山商科大学名誉教授

地道 正行(じみち まさゆき)
神戸商科大学商経学部管理科学科卒業
大阪大学大学院基礎工学研究科数理系専攻修士課程修了
現在　関西学院大学商学部教授

データ科学の数理　統計学講義

検 印 省 略	2007 年 9 月 25 日　第 1 版 発行 2021 年 3 月 15 日　第 5 版 1 刷発行 2023 年 3 月 10 日　第 5 版 3 刷発行
定価はカバーに表示してあります．	著 作 者　　稲田宣生　吉田光雄 　　　　　　山根芳知　地道正行
	発 行 者　　吉　野　和　浩
増刷表示について 2009 年 4 月より「増刷」表示を「版」から「刷」に変更いたしました．詳しい表示基準は弊社ホームページ http://www.shokabo.co.jp/ をご覧ください．	発 行 所　　東京都千代田区四番町 8-1 　　　　　　電　話　(03)3262-9166 　　　　　　株式会社　裳　華　房
	印刷製本　　壮光舎印刷株式会社

一般社団法人
自然科学書協会会員

JCOPY〈出版者著作権管理機構 委託出版物〉
本書の無断複製は著作権法上での例外を除き禁じられています．複製される場合は，そのつど事前に，出版者著作権管理機構（電話03-5244-5088, FAX03-5244-5089, e-mail: info@jcopy.or.jp）の許諾を得てください．

ISBN 978-4-7853-1545-0

© 稲垣宣生, 山根芳知, 吉田光雄, 地道正行, 2007　　Printed in Japan

「理工系の数理」シリーズ

線形代数	永井敏隆・永井 敦 共著	定価 2420円
微分積分＋微分方程式	川野・薩摩・四ツ谷 共著	定価 2970円
複素解析	谷口健二・時弘哲治 共著	定価 2420円
フーリエ解析＋偏微分方程式	藤原毅夫・栄 伸一郎 共著	定価 2750円
数値計算	柳田・中木・三村 共著	定価 2970円
確率・統計	岩佐・薩摩・林 共著	定価 2750円
ベクトル解析	山本有作・石原 卓 共著	定価 2420円
コア講義 線形代数	礒島・桂・間下・安田 著	定価 2420円
手を動かしてまなぶ 線形代数	藤岡 敦 著	定価 2750円
線形代数学入門 －平面上の1次変換と空間図形から－	桑村雅隆 著	定価 2640円
テキストブック 線形代数	佐藤隆夫 著	定価 2640円
コア講義 微分積分	礒島・桂・間下・安田 著	定価 2530円
微分積分入門	桑村雅隆 著	定価 2640円
数学シリーズ 微分積分学	難波 誠 著	定価 3080円
微分積分読本 －1変数－	小林昭七 著	定価 2530円
続 微分積分読本 －多変数－	小林昭七 著	定価 2530円
微分方程式	長瀬道弘 著	定価 2530円
基礎解析学コース 微分方程式	矢野健太郎・石原 繁 共著	定価 1540円
新統計入門	小寺平治 著	定価 2090円
データ科学の数理 統計学講義	稲垣・吉田・山根・地道 共著	定価 2310円
数学シリーズ 数理統計学（改訂版）	稲垣宣生 著	定価 3960円
曲線と曲面（改訂版）－微分幾何的アプローチ－	梅原雅顕・山田光太郎 共著	定価 3190円
曲線と曲面の微分幾何（改訂版）	小林昭七 著	定価 2860円

裳華房ホームページ https://www.shokabo.co.jp/　　※価格はすべて税込(10%)